猕猴桃
生产质量安全控制

罗赛男　张　文　周秀兰　主编

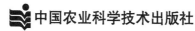中国农业科学技术出版社

图书在版编目（CIP）数据

猕猴桃生产质量安全控制 / 罗赛男，张文，周秀兰
主编. — 北京：中国农业科学技术出版社，2023.6
　ISBN 978-7-5116-6315-3

　Ⅰ.①猕…　Ⅱ.①罗…②张…③周…　Ⅲ.①猕猴桃—
果树园艺　Ⅳ.①S663.4

中国国家版本馆CIP数据核字（2023）第110646号

责任编辑　李　华　周丽丽
责任校对　李向荣
责任印制　姜义伟　王思文

出 版 者　中国农业科学技术出版社
　　　　　北京市中关村南大街12号　邮编：100081
电　　话　（010）82109708（编辑室）　（010）82109702（发行部）
　　　　　（010）82109709（读者服务部）
网　　址　https://castp.caas.cn
经 销 者　各地新华书店
印 刷 者　北京建宏印刷有限公司
开　　本　148 mm×210 mm　1/32
印　　张　4.5
字　　数　117千字
版　　次　2023年6月第1版　2023年6月第1次印刷
定　　价　56.00元

前　言

　　猕猴桃原产我国，早在先秦时期的《诗经》中就有记载，"隰有苌楚，猗傩其枝"，其中苌楚就是猕猴桃的古名。经过长时间商业化人工栽培，已成为20世纪野生果树人工驯化栽培最有成就的四大果树之一。

　　伴随着改革开放和经济的发展，农业生产技术和农产品生产能力发生了翻天覆地的变化，近40年猕猴桃产业也经历了高速发展。根据联合国粮食及农业组织（FAO）官网数据，截至2021年底，中国猕猴桃收获面积199 138hm²，总产量达2 380 788t，收获面积和产量分别占全球的69.4%和53.3%，稳居世界第一。高产量的产品如何确保高质量和更安全？党的十九大报告提出"实施乡村振兴战略"，其中产业兴旺是基础，意味着产业兴旺能够提供更优质、更安全、更健康的高品质产品，不断满足人们对美好生活的需要。然而，人类活动带来的工业生产污染（采矿、冶金等）和农业生产污染（农药、化肥滥用和不合理使用）给农产品生产造成了严重威胁。农药残留问题、重金属问题等也变成了人们关注的焦点，国内外研究学者相继报道了有关猕猴桃的农药残留、重金属和植物生长调节剂等研究。

为满足我国猕猴桃产业高质量发展，现编写《猕猴桃生产质量安全控制》一书。从猕猴桃品种及生长发育条件出发，让读者对猕猴桃建立初步了解。对影响猕猴桃生产质量安全的重要因素如农药残留、重金属及植物生长调节剂进行深刻阐述，提出了从生产环境和生产过程相应环节控制猕猴桃质量安全。对于如何评价猕猴桃的质量安全？编者通过实践操作和大量标准、文献阅读对涉及质量和安全的相关检测指标给出了科学的检测方法，仅供参考。另外，对猕猴桃"两品一标"认证关键因子进行了详细解读。该书是一本理论与实践相结合、操作性强、科普性强的专业技术书籍，希望此书能给读者带来一些豁然开朗的认识。

本书由湖南省现代农业（水果）产业技术体系、水果质量安全控制岗位专家项目资助，在编写过程中汲取了国内外同行专家的研究成果，参考了有关论著中的资料，在此对各位同仁表示最诚挚的谢意！本书从整体构思到编写，以及章节划分无不倾注了编写人员的心血，但由于水平有限，还望读者对书中不当之处批评指正。

编　者

2023 年 2 月

目 录

第一章　猕猴桃概述 / 1

第一节　猕猴桃现状 / 1

第二节　猕猴桃种类 / 2

第三节　猕猴桃主要栽培品种 / 3

第四节　猕猴桃生长发育环境条件 / 10

第二章　影响猕猴桃生产质量安全主要因素 / 12

第一节　农药残留 / 12

第二节　重金属超标 / 21

第三节　植物生长调节剂污染 / 25

第三章　猕猴桃生产质量安全控制技术 / 30

第一节　猕猴桃生长环境质量安全控制 / 30

第二节　猕猴桃生产过程质量安全控制 / 34

第四章　猕猴桃生产质量安全检测 / 53

第一节　常规检测 / 53

第二节　农药残留检测 / 60

第三节　重金属检测 / 86

第五章 猕猴桃"两品一标" / 90

　　第一节 "两品一标"简介 / 90

　　第二节 猕猴桃"两品一标"认证关键因子 / 110

　　第三节 "两品一标"对猕猴桃产业的影响 / 128

参考文献 / 132

第一章　猕猴桃概述

第一节　猕猴桃现状

猕猴桃（*Actinidia chinensis*）属于猕猴桃科（Actinidiaceae）猕猴桃属（*Actinidia* Lindl.），是一种多年生雌雄异株落叶藤本植物，果实中含有丰富的维生素 C、可溶性膳食纤维、矿物质元素、原花青素、黄酮等功效物质。具有较高的食用价值和一定的保健效果，尤其是在降血压血脂、降胆固醇、生津润燥、美容养颜、安神益智等方面具有较好的作用，是世界公认的新兴水果，具有广阔的发展前景。猕猴桃从野生果树经人工驯化到大规模栽培和商品化生产，是近百年人类改造和利用野生自然资源较为成功的四大果树（猕猴桃、蓝莓、鳄梨和澳洲坚果）之一。

我国是猕猴桃原产地，有着丰富的种质资源。在我国，猕猴桃产业的发展经历了几个不同的阶段。1978—1990 年是猕猴桃产业发展的起步阶段，种植面积从几乎为零发展到 4 000hm²；1990—1997 年为快速发展阶段，种植面积发展至 40 000hm²；1998—2007 年，猕猴桃产业进入缓慢增长阶段，10 年间由 1997 年的 40 000hm² 发展到 2007 年的 60 000hm²；2008—2017 年，我国猕猴桃产业又进入高速发展阶段，2017 年猕猴桃种植面积达 250 000hm²，超过世界其他所有猕猴桃生产国种植面积总和。2018—2022 年，我国猕猴桃产业发展缓慢，2022 年，我国猕猴桃的种植面积达到近 30 万 hm^2。目前猕猴桃种植面积较大的省份依次为陕西、四川、贵州、湖南、江西、河南、湖北、浙江、云南等地。其中陕西超过 10 万 hm^2，四川和贵州超过 6 万 hm^2，湖南和江西超过 2 万 hm^2，形成了秦岭北麓山区、四川大巴山南麓山区及龙门山区、贵州乌蒙山区、武陵山区和伏牛山、桐柏山等大别山区的五大猕猴桃优势产区。

第二节　猕猴桃种类

据统计，目前世界上猕猴桃属植物共计 54 个种，21 个变种，共约 75 个分类群。除尼泊尔猕猴桃（*Actinidia strigosa* Hooker f. & Tomas）和白背叶猕猴桃（*Actinidia hypoleuca* Nakai）外，其他的 52 个种均为我国特有种或中心分布。目前猕猴桃的主要分类方式有以下两种。

一、按照系统来源分类

（一）美味猕猴桃

美味猕猴桃，果实表面多毛，果肉绿色。主要包括秦美、海沃德、翠香、徐香、哑特等品种，其中海沃德因其品质和贮运形状较好，抗溃疡病等特点受到猕猴桃种植者的青睐。

（二）中华猕猴桃

果实表面较光滑、少毛，果肉多为黄色、浅黄色、浅绿色，稀有红色。主要包括红阳、金桃、华优、黄金果等品种。

（三）毛花猕猴桃

果实密被白色长茸毛，果肉绿色、翠绿色。主要包括沙农18号、安章毛花2号、华特。

（四）软枣猕猴桃

果实无毛，无斑点，先端喙状，光滑。果肉绿色、翠绿色或红色、紫色，不耐贮藏。主要包括魁绿、丰绿。

（五）种间杂种猕猴桃

主要包括红华、东源红、华优、马图阿、阿木里。

二、按照果心颜色分类

按果心颜色可分为绿肉猕猴桃、黄肉猕猴桃、红心猕猴桃。

第三节　猕猴桃主要栽培品种

一、红阳

四川省自然资源研究所和苍溪县农业局通过实生选种选育而成的红心猕猴桃。果实成熟期为8月底至9月上旬，果实短圆柱形，果皮绿褐色，果肉沿果心有放射状红色条纹，香甜味浓。可溶性固形物含量为16.0%，总糖8.97%，可滴定酸0.11%，维生素C含量250mg/100g，品质上等，果实不耐贮。

二、东红

中国科学院武汉植物园从红阳品种开放式授粉种子播种一代群体中选育而成的红心猕猴桃。果实成熟期为9月上中旬，一般单果重65～75g，最大单果重112g。果实短圆柱形，果皮绿褐色，果肉沿果心有放射状红色条纹，肉质细嫩，风味浓甜，香甜浓郁。果实可溶性固形物含量15.0%～20.7%，可滴定酸（以枸橼酸计）含量1.1%～1.5%，果实不耐贮。

三、金红50号

金红50号是于1999年以红阳为母本、中华雄性13号为父本杂交选育而成的猕猴桃新品种。10月上旬果实成熟，果实圆柱形，整齐、美观，果皮棕黄色，光滑无毛，平均单果重90g，最大单果重150g，果肉黄色、红心。果实可溶性固形物含量19.2%，总糖含量13.18%，总酸含量0.86%。耐贮藏，丰产稳产，抗逆性强。

四、脐红

2002年西北农林科技大学等单位从红阳猕猴桃选出的黄肉红心芽变品种，2014年3月通过了陕西省果树品种审定委员会审定。在陕西关中地区9月下旬成熟，适宜在秦岭以南及类似生态区栽培，红色果心，果面光滑无毛，果端有"脐状"凸起。果肉香甜、爽口多汁、细腻，可溶性固形物含量19.9%。生长旺、适应广，丰产稳产，易发生冻害。

五、楚红

湖南省园艺研究所 1994 年进行资源调查时收集到的优良单株。2004 年 9 月通过湖南省农作物品种审定委员会的现场鉴定并定名为楚红。果实成熟期在 8 月下旬至 9 月上旬，平均单果重 80g，最大单果重 121g，果皮深绿色，果面无毛。果实中轴周围呈艳丽的红色，果实横切面从外到内的色泽是绿色—红色—浅黄色，果肉细嫩，汁多，风味浓甜可口。果实可溶性固形物含量 16.5%，最高 21%。耐贮性一般，常温下贮藏 7 ～ 10d 开始软熟，在冷藏条件下可贮藏 3 个月以上。

六、金艳

中国科学院武汉植物园培育出的国际第一个远缘种间杂交新品种，于 2010 年通过国家级品种审定（国 S-SV-AE-019-2010）并获得农业部的植物新品种权保护。果实特大，一般单果重达 120 ～ 140g，果肉金黄色，肉质细嫩、汁多，清香，果实极耐贮藏，在低温气调库中可贮藏 8 个月，果实可溶性固形物含量 14% ～ 18%，总酸含量 0.86%，糖酸比高，风味纯甜。

七、金桃

中国科学院武汉植物园从中华猕猴桃野生优良单株武植 6 号单系中选出的芽变黄肉猕猴桃新品种。2005 年 12 月通过国家林业局林木品种审定委员会审定。金桃猕猴桃叶片中等大，叶色浓绿。芽萌发力强，成枝率高。果实于 9 月中下旬成熟，果实长圆柱形，果型端正、均匀美观，平均单果重 82g，最大单果重

120g。果皮黄褐色，果面光洁，果顶稍凸。果肉金黄色，软熟后肉质细嫩，有清香味，风味酸甜适中。果实可溶性固形物含量18.0%～21.5%，维生素 C 含量 147～152mg/100g。

八、华优

中华猕猴桃与美味猕猴桃的自然杂交后代，2007 年经陕西省中华猕猴桃科技开发公司等单位选育而成。果实成熟期在 9 月中下旬至 10 月上旬。果实椭圆形，较整齐，商品性状好，一般单果重 80～120g，最大单果重 150g，果皮棕褐色或绿褐色，茸毛细小、易脱落，果皮较厚、难剥离。果肉黄色或绿黄色，质细汁多，香气浓郁，风味香甜，质佳爽口，可溶性固形物含量 18%～19%。果实耐贮存，采摘后在室内常温下后熟期为 15～20d，货架期 30d 左右，在 0℃条件下可贮藏 5 个月左右。该品种树体发育健壮，早果丰产，较抗溃疡，是一个较为理想的优良中熟品种，适逢"双节"上市，其配套雄株为华雄 602 和华雄 603。

九、Hort-16A

系新西兰选育出来的中华猕猴桃新品种。果实倒圆锥形或倒梯形。一般单果重 80～150g。果皮绿褐色，果肉金黄色，质细多汁，极香甜，维生素 C 含量为 120mg/100g，是一个极好的鲜食和加工兼用型品种。

十、金什 1 号

从江西省野生中华猕猴桃种子实生播种选育而成的四倍体黄肉猕猴桃新品种。果实长梯形，果顶部形状平，果肩呈圆形；平均纵径 5.58cm，长径 4.96cm，短径 4.74cm，果柄长 3.78cm；果皮表面短茸毛均匀分布，数量中等，颜色呈黄褐色，易脱落；果实后熟后果皮褐色，剥离难易程度中等。果心横切面长椭圆形，有放射状条纹，果心呈黄白色。平均单果重 85.83g，最大单果重 102.4g，可溶性固形物含量 17.5%，干物质含量 18.75%，总糖含量 10.82%，总酸含量 0.143%。植株为雌性品种，树势强壮。抗病虫害能力较强，对叶斑病、褐斑病有较强抵抗力。盛果期每公顷产量约 22 500kg。

十一、海沃德

新西兰选育的猕猴桃品种，属于美味猕猴桃。果个大，品质优、耐贮藏。我国 20 世纪 80 年代从日本引入陕西省。果实 10 月中下旬成熟，果实近椭圆形，平均单果重 95g 左右，最大单果重 150g。果肉翠绿色，可溶性固形物含量 14.6%，总糖含量 7.4%，总酸含量 1.5%，维生素 C 含量 93.59mg/100g，酸甜可口，香味浓，贮藏性与货架期是目前人工栽培品种中最好的，是大多数国家的主栽品种，占世界猕猴桃销售市场的 98% 以上。该品种极耐贮藏、货架期长，缺点是口感差。

十二、徐香

徐州市果园 1975 年从北京植物园引入的美味猕猴桃实生苗中选育出的品种，1990 年通过省级鉴定，属于美味猕猴桃。果实 9 月底至 10 月上旬成熟，果实圆柱形，果型整齐一致，有浓香味。可溶性固形物含量 15.3%～19.8%，总酸含量 1.34%，总糖含量 12.1%，可溶性糖含量 8.5%。货架期 15～25d，常温下可贮存 30d 左右。丰产稳产，适应性强。该品种极耐贮藏、口感好，缺点是不抗冻、外观较差。

十三、金魁

湖北省农业科学院果树茶叶研究所育成，属美味猕猴桃。10月底至 11 月上旬果实成熟。果实椭圆形，果面黄褐色，密被棕褐色茸毛；平均单果重 103g，最大单果重 173g，果肉绿色，可溶性固形物含量 18.5% ～ 21.5%，总糖含量 13.24%，有机酸含量 1.64%，维生素 C 含量 120 ～ 243mg/100g，汁液多，风味浓，甜酸可口，芳香，品质极上。该品种品质佳，耐贮运，丰产稳产，货架期长。不足之处为果型不端正，果面有棱沟。

十四、翠玉

湖南省园艺研究所从 20 世纪 70 年代末进行猕猴桃资源调查和优良品种选育以来所选育出的优良新品种（株系）之一，属于中熟猕猴桃。其优良性状表现在果实品质特优、极耐贮藏且丰产稳产。果实圆锥形，果喙突起，果皮绿褐色，光滑无毛。一般单果重 85 ～ 95g，最大单果重 129g。果肉绿色，肉质细密，可溶性固形物含量一般 14.5% ～ 17.3%，最高可达 19.5%。翠玉果实无需软熟便可食用，据测定果实硬度在 5kg/cm² 左右可食用，且无涩味，风味浓甜，品质优良。植株长势强健，抗高温干旱，抗风力强，抗病性较好。在海拔 400 ～ 1 000m 的地段，其综合性状表现最好。

十五、翠香

周至县在秦岭北麓野生资源普查中发现的，2008 年经陕西省果树品种审定委员会审定通过，属于美味猕猴桃，中早熟品种。8 月底成熟，具有早熟、丰产、口感浓香、果肉翠绿、抗寒、抗风、抗病等优点，填补了美味猕猴桃系中早熟品种的空白。平均单果重82g，最大单果重可达130g，果肉深绿色，味浓香甜，品质佳，适口性好，质地细而果汁多，硬果可溶性固形物含量11.57%，较软果可溶性固形物含量可达17%以上，总糖含量5.5%，总酸含量1.3%，维生素C含量185mg/100g。该品种上市早，果实美观端正、品质好，缺点是不耐贮藏，抗病性一般。

十六、米良1号

吉首大学育成，该品种属美味猕猴桃。10月中下旬果实成熟，果实长圆柱形，果皮棕褐色，密被黄褐色硬毛；平均单果重95g，最大单果重162g，果肉黄绿色，汁液较多，酸甜适度，有芳香；果实可溶性固形物含量15%，总糖含量7.4%，有机酸含量1.25%，鲜食、加工兼用。该品种外形美观，货架期较长，较耐贮藏，缺点是品质差。

十七、无籽猕猴桃

湘吉红无籽猕猴桃具有单性结实特性，不需要配雄株花粉授粉，即能结出无籽果实，这样在栽培应用中就能省苗、省工、省钱和省地，可以节省猕猴桃产业开发成本。果实8月下旬至9月上旬成熟，常温下可贮藏15d左右。果实圆柱形，单果重70～80g。果壁薄，绿褐色，果毛稀少，柔软易脱；横切面内侧果肉鲜红色，呈放射状排列，外侧果肉黄绿色，果实无籽，清香味甜，可溶性固形物含量18%～20%。果实无籽，果心又小，既便于鲜食，又适宜加工，可食率高，利用率高。

十八、软枣猕猴桃

分布于东北、华北、山东、西北及长江流域，具有较强的抗寒性。果实 8 月下旬至 9 月上旬成熟，果实长柱形或椭圆形，果面绿色，光滑无毛，无斑点，成熟时有些品种变为浅红色或红褐色。一般单果重 8 ~ 20g，最大单果重 32g，软熟后可溶性固形物含量达 15% 以上，总糖含量 8.8% ~ 11%，有机酸含量 0.93% ~ 1.26%，果肉翠绿色，汁液多，味酸甜，果实营养价值很高。该品种即采即食，口感好，缺点是果个小，产量低，适合分批采收。

第四节　猕猴桃生长发育环境条件

一、海拔

猕猴桃的生存海拔上限在 2 000m 左右，经济栽培上限为 1 300m。一般集中在海拔 350 ~ 1 200m。

二、温度

猕猴桃的大多数种类要求亚热带或暖温带湿润和半湿润气候。年气温一般在 11.3 ~ 16.9℃，极端最高气温 42.6℃，极端最低气温 –20.3℃。≥ 10℃有效积温 4 500 ~ 5 200℃，无霜期 160 ~ 270d，是猕猴桃最适条件。猕猴桃不耐高温和低温，早春寒冷，晚霜低温，盛夏高温，常常影响猕猴桃生长发育。

三、光照

多数猕猴桃种类喜半阴环境，在不同发育阶段对光照要求不同。幼苗期喜阴凉，忌阳光直射；成年结果树要求充足的光照。一般认为，猕猴桃是中等喜光果树，要求日照时数为 1 300 ~ 2 600h，喜漫射光，忌强光直射，以正常光照的 40% ~ 45% 为宜。

四、水分

猕猴桃生长旺盛，枝叶繁茂，蒸腾量大，所以，对水分要求较严格。喜凉爽湿润的气候，年降水量在 800mm 以上，相对湿度 70% 以上，是猕猴桃生长发育的适宜条件。猕猴桃不耐涝，在渍水或排水不良时常不能生存。

五、土壤

猕猴桃喜土层深厚、疏松肥沃、排水良好、腐殖质含量高的沙质土壤，忌黏性重、易积水及瘠薄的土壤。猕猴桃对土壤的酸碱度适应较广，pH 值 5.0 ~ 7.9 均能良好生长与结果。最适 pH 值为 5.5 ~ 6.5。

六、地形地势

平地建园工程小，有利于机械化操作，水土流失少，管理方便，但应注意排水。丘陵地立地条件好，但应有水源灌溉条件。山地条件适宜，但坡度宜在 25° 以下，有利于水土保持，减少建园工程，并利于栽培管理，坡向选择东南坡向背风地段。

第二章 影响猕猴桃生产质量安全主要因素

农产品质量安全是指农产品质量符合保障人的健康、安全的要求，即农产品不应含有可能损害或威胁人体健康的因素，不应导致消费者急性或慢性毒害，或感染疾病，或产生危害消费者及其后代健康的隐患。据 2021 年统计，猕猴桃在我国的种植面积达 29 万 hm^2。种植面积的增加，导致病虫害的发生和危害也越来越严重，必然会导致农药的大量使用。农药和化肥的大量使用和不合理使用导致农药残留问题、重金属污染问题日益严重，果实污染的风险也加大。

第一节 农药残留

我国作为农业大国，水果是重要的经济作物，也是消费量大的农产品，但这类农产品的病虫害也相对严重，病虫害种类多、危害严重，因此每年用于防治的农药消耗量极大。随着社会发展和人民生活水平的提高，果品质量安全问题日益受到关注，而农药残留是影响果品质量安全的主要因素。由于农药品种单一，剧毒、高毒农药居多，加之种植人员对农药知识的欠缺，不合适的用药，造成果品的农药残留事故时有发生，严重影响了我国果品质量安全，损害农业企业利益，制约我国果品产业的可持续发展，影响农业产业的国际竞争力。同时农药残留也危害消费者的身体健康，可能会造成身体不适、呕吐、腹泻等不良症状，有些可能直接危及人体的神经系统和肝、肾等重要器官，严重的可能会导致人的死亡。

一、在猕猴桃栽培上出现农药残留污染的主要原因

1. 生产中使用农药种类繁多但使用登记的农药较少

在猕猴桃生产管理过程中，使用农药等化学投入品种类繁多，庞丽荣等（2019）对某产区猕猴桃进行 66 种农药检测，包括禁限用农药和高毒农药、杀虫剂、杀菌剂、杀螨剂和植物生长调节剂，具体名称见表 2-1。检出 21 种农药，农药检出率 31.82%。使用登记的农药较少，未登记农药的使用普遍。截至 2022 年 11 月，在中国农药信息网查询登记在猕猴桃上使用的杀虫剂和杀菌剂共有 15 个农药产品（表 2-2），都是低毒农药，包括了 15 种有效成分，主要用于防治小卷叶蛾、红蜘蛛和根结线虫以及灰霉病、溃疡病和黑斑病等共计 9 种防治对象，使用方法以喷雾为主。同样，登记在猕猴桃上使用的植物生长调节剂共有 20 个农药产品，主要是 1- 甲基环丙烯（保鲜剂）13 种、氯吡脲（促进果实生长、增产）4 种、噻苯隆（调节生长、提高坐果率）2 种和单氰胺（提前萌芽）1 种。

表 2-1　猕猴桃果实农药检测种类

农药类别	农药名称
禁限用和高毒农药	甲胺磷、甲基对硫磷、对硫磷、久效磷、治螟磷、蝇毒磷、特丁硫磷、灭线磷、甲基异柳磷、甲拌磷、克百威（及其代谢物：3- 羟基克百威）、涕灭威（及其代谢物：涕灭威砜、涕灭威亚砜）、灭多威、氧乐果、杀扑磷

（续表）

农药类别	农药名称
杀虫剂	抗蚜威、吡虫啉、除虫脲、灭幼脲、敌百虫、啶虫脒、虫酰肼、氯虫苯甲酰胺、毒死蜱、乙酰甲胺磷、辛硫磷、亚胺硫磷、杀螟硫磷、马拉硫磷、敌敌畏、倍硫磷、氯氰菊酯、氰戊菊酯、溴氰菊酯、氯菊酯、氯氟氰菊酯、联苯菊酯、甲氰菊酯、多杀霉素、异丙威、三氯杀螨醇、噻虫嗪、噻嗪酮
杀菌剂	苯醚甲环唑、异菌脲、甲霜灵、戊唑醇、多菌灵、甲基硫菌灵、咪鲜胺、醚菌酯、代森锰锌、五氯硝基苯、抑霉唑、百菌清、腐霉利、嘧菌酯、乙烯菌核利、嘧霉胺、丙环唑、肟菌酯
杀螨剂	哒螨灵、阿维菌素
植物生长调节剂	赤霉素、氯吡脲、2，4-滴

表2-2　猕猴桃上登记使用的杀虫和杀菌农药

登记证号	名称	类别	剂型	有效成分	毒性	防治对象
PD20132487	苦皮藤素	杀虫剂	水乳剂	1%	低毒	小卷叶蛾
PD20132710	苦参碱	杀虫剂／杀菌剂	可溶液剂	1.5%	低毒	蚜虫
PD20131807	藜芦根茎提取物	杀虫剂	可溶液剂	0.1%	低毒	红蜘蛛
PD20184308	除虫菊素	杀虫剂	水乳剂	1.5%	低毒	叶蝉
PD20086024	噻菌铜	杀菌剂	悬浮剂	20%	低毒	溃疡病
PD20173037	王铜	杀菌剂	水分散粒剂	84%	低毒	溃疡病
PD20132132	氨基寡糖素	杀菌剂	水剂	0.5%	低毒	根结线虫
PD20152443	小檗碱	杀菌剂	水剂	0.5%	低毒	褐斑病
PD20152651	香芹酚	杀菌剂	水剂	0.5%	低毒	灰霉病
PD20172829	苯甲·丙环唑	杀菌剂	水乳剂	300g/L	低毒	褐斑病
PD20170738	唑醚·氟酰胺	杀菌剂	悬浮剂	42.4%	低毒	灰霉病

（续表）

登记证号	名称	类别	剂型	有效成分	毒性	防治对象
PD20152654	春雷·噻唑锌	杀菌剂	悬浮剂	40%	低毒	溃疡病
PD20152429	氟菌·肟菌酯	杀菌剂	悬浮剂	43%	低毒	炭疽病
PD20095866	喹啉铜	杀菌剂	悬浮剂	33.5%	低毒	溃疡病
PD20182755	唑醚·喹啉铜	杀菌剂	水分散粒剂	50%	低毒	溃疡病

2. 混合累积性污染现象比较普遍

我国混配农药的品种、产量及使用量剧增，在果品生产过程中混合使用多种农药的现象时有发生且较为严重，致使果品质量安全和公众消费存在一定安全隐患。猕猴桃样品依据单个农药最大残留限量标准进行判定，样品超标率很低，但是单个样品中多残留检出情况普遍。刘君等（2018）对西安市猕猴桃主产区共200批次样品进行检测，发现检出农药残留种类为3种以上的样品有11个，占比5.5%；检出农药残留种类为1～2种的样品有123个，占61.5%。张文等（2020）对湖南省63份猕猴桃样品检测农药残留，检出农药残留种类为1～2种的样品有32个，占比50.79%；检出3～5种农药的样品有10个，检出6种农药的样品有1个，3种以上农药残留的样品比率为17.46%。在多种农药残留中，同一种类的农药具有共同靶点，易产生累积效应，从而引起联合病理或毒理效应。

3. 农药检测标准问题

农产品质量安全标准是强制性的技术规范，其制定和发布严格依照有关法律、行政法规的规定执行。我国涉及猕猴桃质量安全的国家标准主要参考《食品安全国家标准 食品中农药最大残留限量》（GB 2763 — 2019）。

在我国，猕猴桃归属于水果（浆果和其他小型水果）中的小型攀缘类，首先要依据针对猕猴桃的农药最大残留限量，其次可参照浆果和其他小型水果中的农药最大残留限量。标准中规定了483 种农药在 356 种（类）食品中 7 107 项最大残留限量，其中规定了 206 种农药在水果中 1 132 项最大残留限量，猕猴桃的农药最大残留限量为 15 项，浆果和其他小型水果等作物的农药有58 项（表 2-3）。这 73 种农药中按用途划分为 4 类，其中杀虫剂57 项、杀菌剂 9 项、除草剂 5 项、植物生长调节剂 2 项。存在问题是部分常用农药最大残留限量值缺失；部分限量指标与国际接轨不紧密；农药最大残留限量标准适用性有待于提高。

表 2-3　猕猴桃上农药最大残留限量

名称	类别	最大残留限量（mg/kg）	名称	类别	最大残留限量（mg/kg）
倍硫磷	杀虫剂	0.05	噻虫胺	杀虫剂	0.07
苯线磷	杀虫剂	0.02	噻虫嗪	杀虫剂	0.5
虫酰肼	杀虫剂	0.5 △	甲胺磷	杀虫剂	0.05
敌百虫	杀虫剂	0.2	甲拌磷	杀虫剂	0.01
敌敌畏	杀虫剂	0.2	甲基对硫磷	杀虫剂	0.02
地虫硫磷	杀虫剂	0.01	甲基硫环磷	杀虫剂	0.03*
啶虫脒	杀虫剂	2	甲基异柳磷	杀虫剂	0.01*
吡虫啉	杀虫剂	5	甲氰菊酯	杀虫剂	5
对硫磷	杀虫剂	0.01	久效磷	杀虫剂	0.03
多杀菌素	杀虫剂	0.05 △	抗蚜威	杀虫剂	1
氟虫腈	杀虫剂	0.02	克百威	杀虫剂	0.02
磷胺	杀虫剂	0.05	内吸磷	杀虫剂	0.02
硫环磷	杀虫剂	0.03	氰戊菊酯和S-氰戊菊酯	杀虫剂	0.2
硫线磷	杀虫剂	0.02	噻虫啉	杀虫剂	0.2 △
螺虫乙酯	杀虫剂	0.02* △	杀虫脒	杀虫剂	0.01

（续表）

名称	类别	最大残留限量（mg/kg）	名称	类别	最大残留限量（mg/kg）
氯虫苯甲酰胺	杀虫剂	1*	杀螟硫磷	杀虫剂	0.5*
氯氟氰菊酯和高效氯氟氰菊酯	杀虫剂	0.2	杀扑磷	杀虫剂	0.05
氯菊酯	杀虫剂	2	水胺硫磷	杀虫剂	0.05
氯唑磷	杀虫剂	0.01	特丁硫磷	杀虫剂	0.01
灭多威	杀虫剂	0.2	涕灭威	杀虫剂	0.02
灭线磷	杀虫剂	0.02	辛硫磷	杀虫剂	0.05
辛硫磷	杀虫剂	0.05	六六六	杀虫剂	0.05
溴氰菊酯	杀虫剂	0.05 △	氯丹	杀虫剂	0.02
氧乐果	杀虫剂	0.02	灭蚁灵	杀虫剂	0.01
乙酰甲胺磷	杀虫剂	0.5	七氯	杀虫剂	0.01
蝇毒磷	杀虫剂	0.05	异狄氏剂	杀虫剂	0.05
治螟磷	杀虫剂	0.01	狄氏剂	杀虫剂	0.02
艾氏剂	杀虫剂	0.05	毒杀芬	杀虫剂	0.05*
滴滴涕	杀虫剂	0.05	代森锰锌	杀菌剂	2 △
多菌灵	杀菌剂	0.5 △	环酰菌胺	杀菌剂	15* △
啶酰菌胺	杀菌剂	5 △	嘧菌环胺	杀菌剂	10
二嗪磷	杀菌剂	0.2 △	嘧霉胺	杀菌剂	3
咯菌腈	杀菌剂	15 △	嘧菌酯	杀菌剂	5
草甘膦	除草剂	0.1	草铵膦	除草剂	0.6 △
百草枯	除草剂	0.01*	硝磺草酮	除草剂	0.01
乙烯利	植物生长调节剂	2 △	氯吡脲	植物生长调节剂	0.05 △
2,4-滴和2,4-滴钠盐	除草剂	0.1			

注：* 代表该限量为临时限量；△ 代表针对猕猴桃农药最大残留限量标准专门进行规定的农药。

二、农药残留风险评估方法

食品中农药残留的风险评估研究较早，主要从慢性膳食摄入、急性膳食摄入和累积风险评估等角度开展。农药残留检测及风险评估对农作物安全生产、健康消费、日常监管及最大残留限量的标准修订等具有重要意义。

1. 慢性膳食摄入风险的计算

慢性膳食摄入风险评估是指对一般人群和特殊亚人群的化学污染物长期膳食暴露情况进行风险评估。根据式（2-1）计算各农药的慢性膳食摄入风险（%ADI），%ADI越小风险越小，当%ADI ≤ 100%时，表示风险可以接受；%ADI > 100%，表示有不可接受的风险。

$$\%ADI = \frac{STMR \times 0.009\,5}{bw} / ADI \times 100 \qquad (2-1)$$

式中，STMR（Supervised trials median residue）为平均残留值（mg/kg）；0.009 5为居民日均猕猴桃消费量（kg）；ADI（Acceptable daily intake）为每日允许摄入量（mg/kg）；bw（Body weight）为体重（kg），成人按60kg计算。

2. 急性膳食摄入风险的计算

急性膳食摄入风险评估是指在一天中摄入的食物和水中的某物质残留量，对一般人群和特殊亚人群的摄入情况进行风险评估。采用式（2-2）计算各农药的估计短期摄入量（NESTI）。通过式（2-3）、式（2-4）计算各农药的急性膳食摄入风险（%ARfD）和安全界限（SM）。%ARfD越小风险越小，当%ARfD ≤ 100%时，表示风险可以接受；%ARfD > 100%，表示有不可接受的风险。

$$\text{NESTI}=\frac{U\times\text{HR}\times v+（LP-U）\times\text{HR}}{\text{bw}} \qquad（2-2）$$

$$\%\text{ARfD}=\frac{\text{NESTI}}{\text{ARfD}}\times100 \qquad（2-3）$$

$$\text{SM}=\frac{\text{ARfD}\times\text{bw}}{U\times v+LP-U} \qquad（2-4）$$

式中，NESTI（National estimated short term intake）为国家估计短期摄入量（mg/kg）；U、v、LP（Large portion consumed）分别为单果重量（kg）（猕猴桃值为 0.083kg）、变异因子（取值为 3）、消费大份餐（kg）（猕猴桃为 0.548 7kg）；HR（Highest residue）为最高残留量（mg/kg）；bw 为体重（kg），成人按 60kg 计算；ARfD（Acute reference dose）为农药急性参考剂量（mg/kg）；SM（Safety margine）为安全界限。

3. 风险排序

借鉴英国兽药残留委员会兽药残留风险排序矩阵，根据式（2-5）计算农药的风险得分（S），并将各风险大小划分为 3 类，当 $S\geqslant20.0$ 为高风险农药；$15.0\leqslant S<20.0$ 为中风险农药；$S<15.0$ 为低风险农药。同样，根据式（2-6）计算样品中农药的风险指数（Risk index，RI），将样品分为 4 类，当 $RI\geqslant15$ 为高风险样品；$10\leqslant RI<15$ 为中风险样品；$5\leqslant RI<10$ 为低风险样品；$RI<5$ 为极低风险样品。

$$S=（A+B）\times（C+D+E+F） \qquad（2-5）$$

$$\text{RI}=\sum_{i=1}^{n}S-\text{TS}_0 \qquad（2-6）$$

式（2-5）中，A 为毒性得分（低毒为 2 分，中毒为 3 分，高毒为 4 分，剧毒为 5 分）；B 为毒效得分（ADI 值 $\geqslant1\times10^{-2}$ 为 0 分，$1\times10^{-4}\leqslant$ ADI 值 $<1\times10^{-2}$ 为 1 分，$1\times10^{-6}\leqslant$ ADI 值

$< 1 \times 10^{-4}$ 为 2 分，ADI 值 $< 1 \times 10^{-6}$ 为 3 分）；C 为膳食比例得分（猕猴桃摄入量占总膳食比例为 0.71%，$< 2.5\%$ 为 0 分）；D 为农药使用频率得分（猕猴桃中农药的使用频率最大为 2%，$< 2.5\%$ 为 0 分）；E 为高暴露人群得分（3 分）；F 为残留水平得分。式（2-6）中 i 为农药种类的个数，n 为检出农药种类的个数，TS_0 为 n 种农药均未检出的样品残留风险得分。

4. 最大残留限量估计值的计算

$$eMRL = \frac{ADI \times bw}{F} \qquad (2-7)$$

式中，eMRL 为最大残留限量估计值（mg/kg）；ADI 为每日允许摄入量（mg/kg）；bw 为体重（kg），成人按 60kg 计算；F 为猕猴桃日消费量（mg/kg），按照最大风险原则，取大份餐。

5. 累积风险评估

危害指数（Hazard index，HI）是各农药的化学物危害商（Hazard quotient，HQ）之和。单个化合物的暴露量与其参考值的比值为危害商，将不同化合物的危害商相加即得到危害指数，其计算方法见式（2-8）。

$$HI = \sum_{i=1}^{n} HQ_i = \sum_{i=1}^{n} \frac{EXP}{ADI} = \sum_{i=1}^{n} \frac{c_i \times F}{ADI} \qquad (2-8)$$

式中，EXP 为每日农药的膳食暴露量（mg/kg·bw），为农药残留 c_i 的均值乘以每日平均摄入量（6.5g）；HQ 为暴露量（EXP）与其参考值（ADI）的比值。当 HI < 1，表明累积暴露风险可以接受；HI > 1 则需推算出具有累积效应的物质基于共同作用终点 的参考值，从而计算出相应的 HI，然后进行比较。该方法快速简便，易于理解，适用于以初步筛查为目的的累积暴露评估。

第二节　重金属超标

随着我国工业化进程的加快，农业活动、冶炼、矿山勘探等人为活动造成了大量重金属污染物排放到环境中，引起了土壤重金属污染。根据我国农业农村部在 24 个省（区、市）的 320 个重度污染地区（约 548 万 hm^2 土壤）的环境监测情况调查，发现大田类农产品污染超标面积占污染区农田面积的 20%，其中重金属污染占 80%。目前，我国许多省（区、市）均陆续出现不同程度的重金属污染，其中，常见的污染元素有汞（Hg）、镉（Cd）、铅（Pb）、铬（Cr）、砷（As）、铜（Cu）、锌（Zn）、镍（Ni）8 种，而重金属 Hg 和 Cd 污染耕地面积位居首位。土壤重金属污染可通过食物链危及人类健康，土壤重金属总量被认为是影响农产品安全的重要因素，也是影响果品中重金属含量的主因之一，已成为全球关注的主要环境污染问题。

一、重金属来源

重金属是指比重在 4.0 或 5.0 以上的金属。重金属化学性质比较稳定，超过一定的浓度后对人体有毒，其生物累积性以及耐生物化学降解性，可以对人体健康构成潜在威胁。在农业生态环境中应该重点监控的 6 种重金属，分别为 Hg、Cd、Pb、Cr、As、Cu。

重金属来源主要分为产地和生产过程投入含有重金属含量超标的生产资料（主要指化肥）。近 10 年中国城市土壤、道路灰尘、农田土壤主要受到 Cd、Hg 和 Pb 的污染（Wei et al., 2010），我国 138 个典型区域的耕地土壤 Cd 污染概率较大，辽宁省和山西省的耕地土壤重金属累积污染较严重（宋伟，2013）。珠三角滩涂围垦农田土壤重金属平均综合污染指数达到轻度污染（付红波等，2009）。山东省泰安市农田土壤重金属 Hg、Cu 和 Cd 有较重的潜在生态危害（李瑞平等，2012）。中国矿区土壤重金属污染严重（Li et al.，2014）。

土壤中的重金属来源广泛，通常受到自然土壤形成条件和人类活动的双重影响，而人类活动是主要因素，主要包括以下 3 个方面：一是工业生产污染，如采矿、冶金、炼油等；二是农业生产污染，如滥用农药、化肥，污水灌溉，污泥施肥等；三是交通运输污染，运输过程中产生大量含重金属的气体和粉尘，将其转移到周围土壤中并大量积累，造成污染。

1. 工业生产污染

随着采矿和冶炼业的迅速发展，在矿区开采过程中产生的大量粉尘、污水、矿渣等直接进入土壤引起污染。化石燃料燃烧释放的汞含量占比很高，达到人为排放量的 57%~71%，而煤和燃料油释放在大气中的镍是人为排放量的 60%~78%，这些污染物通过自然沉降从而污染土壤（张文江等，2013）。总的来说，工业发达的地区重金属污染更严重，矿区土壤污染情况较一般地区严重。

2. 农业生产污染

在农业生产中，加剧土壤重金属污染的主要途径包括农药、化肥、污泥施用和污水灌溉。

绝大多数农药是有机化合物，一些农药含有重金属 Hg、As、Cu、Zn 等。化肥是作物增产的主要手段，从 21 世纪初，我国农业化肥使用强度已经明显超出国际施用化肥安全上限，已达 1.61 倍。在我国，除青海省、西藏自治区和黑龙江省外，其余地区均存在不同程度的化肥施用过量状况。2010 年《第一次全国污染源普查公报》显示，化肥的流失会污染水体环境，是农业面源污染的主要来源之一。化肥中重金属含量高是由于其原料矿石本身含有的杂质及生产过程中被污染。污泥含有大量的营养物质，例如有机物、氮、磷、钾等，同时还含有大量重金属。因此，污泥利用和污水灌溉都可能导致农田土壤中重金属含量的增加。

3. 交通运输污染

大气中的重金属来自运输过程中汽车尾气的排放以及汽车轮胎磨损产生的有害气体和粉尘，主要以 Pb、Zn、Cr、Cu 污染为主，通常以气溶胶的形式存在于大气中，再以降水、沉降等形式进入土壤（郭素华，2015）。

二、重金属的危害

重金属难以被生物降解，相反却能在食物链的生物放大作用下，成千百倍地富集，最后进入人体。重金属能够很容易被人体摄入、吸入或经皮肤吸收，并且积累在脂肪组织中，随后影响人类的神经系统、内分泌系统、免疫系统、造血功能以及正常的细胞代谢等。重金属被认为是检测环境条件的有用指标，可用于监测环境中自然变化成分，评估健康风险，与环境污染毒理学相关。

1. 对土壤质量的危害

杨玉等（2019）按照土壤环境质量二级标准，对湖南省猕猴桃主产区土壤进行重金属检测，发现有弱度的 Cd、Hg 和 As 污染，且局部污染问题较为突出；有 31.5% 的土壤受到不同程度的污染，20.4% 的土壤处于警戒线上，只有 48.1% 的土壤清洁。栗婷等（2022）对西安市周至县猕猴桃主产区 192 个土壤样品重金属污染进行分析表明，重金属元素 Pb、Cd、Hg、As 和 Cr 在土壤中产生了一定的富集。重金属进入土壤后，无法轻易降解，很难再从土壤中迁出，其含量会越积越多，对土壤的理化性质、土壤生物活性和微生物种类等产生影响，破坏土壤的生态结构和功能。土壤酶作为反映土壤肥力的指标，能够直接反映土壤生化过程的强度和方向。土壤酶的活性容易受到土壤理化性质和微生物活性的影响，因此对环境污染更加敏感，其变化情况可以反映土壤环境状况和总体微生物活性（房彬等，2014）。

2. 对作物的危害

研究表明，在同一污染条件下，猕猴桃各器官镉（Cd）含量平均值由高到低依次为根、茎、叶、果，镉含量在根中的富集系数最大，其次是茎和叶，果中最低。根系吸收土壤中的重金属会影响植物株高、生物量等生理特征。植物吸收重金属后，会诱导植物酶代谢发生紊乱，抑制叶绿素的正常合成，进而影响植物的正常生长。同时，重金属的胁迫也可能导致植物缺乏营养，重金属含量较高会抑制植物吸收 Ca、Mg 等矿物质元素的能力以及转运能力。

3. 对人体的危害

若水果中含有微量的重金属，人们通过食用水果可以摄入重金属。重金属过量对人体有一定的毒害作用。铅（Pb）和镉（Cd）毒害作用最大，尤其对肾脏和神经系统。Pb 会导致听力丧失、贫血、肾功能衰竭等，还能影响大脑代谢，对记忆和视觉产生影响，可以造成儿童智力低下和认知功能障碍；Cd 是一种内分泌干扰物，可引发肾、肝、肺等器官损伤，具有致癌、致畸作用。汞（Hg）是一种剧毒元素，会造成神经、心血管和免疫系统损害，胎儿发育中的大脑尤其易受影响。砷（As）可通过呼吸、饮水及食物等途径进入人体，超过限量时会引起人体急、慢性中毒，导致皮肤癌、肺癌、膀胱癌等多种疾病。水果中重金属累积水平直接关系到人体健康。

第三节　植物生长调节剂污染

在生产上，猕猴桃果型偏小，为了追求经济效益，种植者普遍施用氯吡脲进行壮果。本节重点介绍氯吡脲的来源、功能及对猕猴桃的影响。

一、氯吡脲的简介

氯吡脲（膨大剂），即1-（2-氯-4-吡啶基）-3-苯基脲，化学式为 $C_{12}H_{10}ClN_3O$，分子量为247.68，简称 CPPU，白色无味结晶性固体，不溶于水，是一种人工合成的吡啶取代脲类细胞分裂素，属低毒植物生长调节剂中的一类，是一种农业农村部允许使用的植物生长调节剂，广泛用于农业生产中。

二、氯吡脲的来源

美国的 Folke 早在1948年，首次发现细胞分裂素，Miller 等在1955年发现了6-糠基嘌呤，它是一类可以促使植物幼胚发育的活性物质，人们开始意识到细胞分裂素是一类很重要的植物激素（袁军，2004）。随着研究的深入，出现了许多人工合成分离的具有显著生物活性的细胞分裂素。1978年，日本的 Takahishi 等首次合成新型取代脲类细胞分裂素——氯吡脲，又称之为 CPPU、KT-30、调吡脲。1985年日本协和发酵产业股份有限公司最先将 CPPU 进行研发应用，并发现 CPPU 在促进细胞分裂和增大的同时，出现了畸形果、果品贮藏期变短等负面效应，则没有将该产物用于生产中。1989年3月，协和发酵以"フルメッ卜液剂（0.10%）"为商品名获得专利，随着研究的深入，苯异氰酸酯法、杂环异氰酸酯法等多种合成 CPPU 的方法被研发。中国农业科学院果树研究所在 20 世纪 80 年代后期从日本引进氯吡脲，1992 年农业部批准了使用该产品，并对植物生长调节剂采取了严格的安全管理措施和使用规定（高金山，2006），自此氯吡脲逐渐应用于各种园艺作物生产中。

三、氯吡脲的功能

氯吡脲作为细胞分裂素类的一种植物生长调节剂，具有较强的细胞分裂活性。其作用机理与腺嘌呤相同，但比其他嘌呤类细胞分裂素活性高了 10～100 倍。其主要生理作用有增进植物细胞分裂，扩大细胞体积，促进果实肥大，提高产量；促进叶绿素、蛋白质合成，增强光合作用，调节库源关系，改善果实品质；加强抗逆性，避免组织老化，延缓衰老；促进非分化组织的分化，诱导休眠芽生长；打破顶芽优势，促进侧芽生长；诱导单性结实。

四、氯吡脲对猕猴桃的影响

1. 品质

许多研究表明，氯吡脲的使用可促进果实增大，改善果实品质，但同时带来果实畸形率增加、不耐贮藏、货架期缩短等负面效应。

Kim 等（2006）分别于花后 10d、15d、20d，用 1mg/L、5mg/L、10mg/L 氯吡脲溶液处理猕猴桃，发现在花后 10d 使用 5mg/L、10mg/L 处理果实后，单果重增加最为显著，比对照增加了 50%以上；维生素 C 含量、糖酸比增加，但总糖含量明显下降。蔡金术等（2009）研究 0.2mg/L、1mg/L 和 5mg/L 氯吡脲处理对翠玉和丰悦猕猴桃果实品质的影响，发现最适浓度为 1mg/L，单果重增加 11.4%，对果实硬度和可溶性固形物无不良影响。随着研究的深入，氯吡脲处理在猕猴桃不同品种上表现的差异有所不同。朱杰丽等（2014）研究了 0mg/L、5mg/L、10mg/L、20mg/L、50mg/L、100mg/L 6 个浓度氯吡脲对徐香猕猴桃品质的影响，结果表明，使用氯吡脲处理后，徐香猕猴桃单果重、横径和纵径均随使用浓度的提高而增加，其中 100mg/L 处理增产最为显著，平均单果增加率达 100%，果实纵径和横径分别增长 27% 和 25%，果形指数则无明显变化；猕猴桃总糖含量与对照相比均有所提高，其中 10mg/L 处理提高最为显著，增加了 8.7%；5mg/L 处理维生素 C 含量显著提高，比对照增加了 7.8%，其余处理维生素 C 含量均降低；综合结果表明，使用 5mg/L、10mg/L 低浓度氯吡脲处理猕猴桃果实能改善果实品质，而高浓度氯吡脲处理虽能增加果重，但风味与营养品质均有所下降。庞荣等（2017）指出氯吡脲处理对秦美、徐香、哑特和红阳的货架期、理化指标、香气物质有明显不利影响，对海沃德的不利影响较小。陈双双等（2021）用含 0.1% 的 50mL 氯吡脲（CPPU）溶液分别稀释成 40mL/L、20mL/L、16.7mL/L、10mL/L、8.3mL/L、6.7mL/L、5.6mL/L、5.0mL/L、4.2mL/L、4.0mL/L 10 个浓度的 CPPU 水溶液处理东红猕猴桃，10mL/L 处理后单果质量达到最大值，增幅高达 59.2%，但不利于果实贮存，8.3mL/L 处理的可溶性糖含量增幅达 59.96%，结合差异性分析和主成分分析表明，8.3mL/L 氯吡脲处理东红猕猴桃后可显著提高单果质量、可溶性固形物含量、可溶性糖含量等。随着经济的快速发展和人们生活水平的提高，除了果实品质酸甜可口，人们还重视果实的营养成分和香味物质。果实中的氨基酸和香气成分也是果实品质的重要组成部分，影响果实鲜食、贮藏和加工。张承等（2019）发现 10mg/L

氯吡脲有效促进贵长猕猴桃果实产量形成及干物质、可溶性固形物、脯氨酸、甜味氨基酸含量增加，显著降低果实果形指数、硬度以及维生素 C、可滴定酸、可溶性蛋白、总氨基酸、鲜味氨基酸、苦味氨基酸、芳香族氨基酸含量，同时 10mg/L 氯吡脲浸果增加了醛类、醇类、烯烃和烷烃在果实香气成分中的占比，提高了香气的多样性。

2. 耐贮性

氯吡脲的应用使果肉疏松，干物质含量减少，则水分含量增多，硬度下降，不利于贮藏。王玮等（2016）用不同浓度氯吡脲对华优猕猴桃进行处理，结果表明，氯吡脲处理降低了果实耐贮性，贮藏过程中，20mg/L 处理其呼吸速率、乙烯释放速率均高于其他处理，冷害率、冷害指数显著高于对照；贮藏 90d 后果实质量损失率高，好果率低。李圆圆等（2018）在秦美猕猴桃花后 28d 采用不同浓度氯吡脲进行蘸果，发现氯吡脲处理加速了果实硬度、原果胶和纤维素质量分数的下降，提高了可溶性果胶质量分数及多聚半乳糖醛酸酶、果胶甲酯酶、纤维素酶和 β - 半乳糖苷酶细胞壁降解活力。为维持猕猴桃采后果实硬度，延长贮藏期，生产中不宜使用氯吡脲处理，或使用的质量浓度不宜超过 5mg/L。

3. 安全性

氯吡脲属低毒植物生长调节剂，可能会对人体带来潜在的健康危害，美国、欧盟等已对其残留作了严格限定，其中韩国规定氯吡脲在猕猴桃中的残留量为 0.05mg/kg，美国联邦法规中规定氯吡脲在猕猴桃中残留限量为 0.04mg/kg（徐长龙，2006）。我国也在 2009 年与 2012 年分别出台了相应的行业标准与国家标准，对猕猴桃中氯吡脲残留作了限量规定，其中行业标准已于 2012 年废止，现行国家标准规定猕猴桃中氯吡脲残留限量为 0.05mg/kg。

徐春波等（2012）在《植物生长激素——膨大剂应用安全性分析》中阐述，氯吡脲在我国属于登记允许使用的农药品种，只要是使用剂量在正常范围内，膨大剂是安全的。柴振林（2013）等通过对氯吡脲在猕猴桃中的残留动态研究表明，猕猴桃中氯吡脲降解符合一级动力学消解模式，平均半衰期 4.5d，安全间隔期 34d。由于猕猴桃果实生长时间较长，成熟采摘时氯吡脲残留量远低于国家标准规定限量（0.05mg/kg），不会产生质量安全风险。此外，为保障人体健康，联合国粮农组织、世界卫生组织建立了农药安全评价规范和准则，欧美等一些发达国家建立了一套严格的风险评估制度（Matthewsga et al.，1992），来规范氯吡脲等微毒植物生长调节剂在生产中的使用剂量。

氯吡脲作为一种高活性的植物生长调节剂，因价格低廉，操作方便，效果明显，在生产上广泛使用。朱振国等（2014）对周至县猕猴桃种植户弃用膨大剂意愿及影响因素进行分析，结果表明，种植户普遍能够认识到膨大剂的危害，但由于市场准入和政府监管的缺失，导致种植户普遍使用膨大剂，甚至超量使用膨大剂。他建议应通过提高农户素质、创新农业组织形式、培养消费者健康消费意识、提高猕猴桃生产透明度、加大监管力度等措施来规范农户的猕猴桃生产行为，促进猕猴桃产业的健康发展。

第三章 猕猴桃生产质量安全控制技术

随着我国经济的发展和人民生活水平的提高，人们对猕猴桃的品质要求也不断提高，不仅要求果实好吃、好看，更要安全。猕猴桃果实的质量安全情况，越来越引起社会和消费者的重视。优质安全的果品是生产出来的，如何在目前的生态条件下生产出符合质量安全的食品，成为重要的社会需求。因此，开展猕猴桃生产质量安全控制尤为重要。

第一节 猕猴桃生长环境质量安全控制

种植园地是猕猴桃果实中污染物的主要来源，包括果园所在地及周边的空气、灌溉水、土壤等，主要风险因子有重金属、农药残留和大气污染物等。猕猴桃果园应选择在交通便利、背风向阳、水源充足、灌溉方便、排水良好、土层深厚、腐殖质丰富、有机质含量 1.6% 以上、最适 pH 值 5.5～6.5、地下水位在 1m以下的地块。应避开高速公路、主要公路、工业园养殖场、矿产企业。空气、灌溉水和土壤 3 年内符合国家标准。

一、猕猴桃产地空气质量评价标准

环境空气功能区可分两类，一类是自然保护区、风景名胜区和其他需要特殊保护的区域；二类是居住区、商业交通居民混合区、文化区、工业区和农村地区。猕猴桃产地空气属于二类，适用二级浓度限值，主要参考《环境空气质量标准》（GB 3095—2012），见表3-1。

表3-1 环境空气污染物基本项目浓度限值

序号	污染物项目	平均时间	浓度限值		单位
			一级	二级	
1	二氧化硫	年平均	20	60	$\mu g/m^3$
		24h 平均	50	150	
		1h 平均	150	500	
2	二氧化氮	年平均	40	40	
		24h 平均	80	80	
		1h 平均	200	200	
3	一氧化碳	24h 平均	4	4	mg/m^3
		1h 平均	10	10	
4	臭氧	日最大 8h 平均	100	160	$\mu g/m^3$
		1h 平均	160	200	
5	颗粒物（粒径小于等于10μm）	年平均	40	70	
		24h 平均	50	150	
6	颗粒物（粒径小于等于2.5μm）	年平均	15	35	
		24h 平均	35	75	

二、猕猴桃产地灌溉水质量评价标准

猕猴桃叶片的蒸腾能力很强，是落叶果树中需水量最大的果树之一。果园土壤湿度保持在田间最大持水量的 70% ～ 80% 为宜，低于 65% 时应灌水。萌芽期、花前、花后根据土壤湿度各灌水一次，果实迅速膨大期（授粉直至之后 70d）应持续保持土壤湿度。果实采收前 15d 应停止灌水。猕猴桃果树生长期间及时灌水与否，对树势、产量及果实品质有明显影响。灌溉用水的污染物会直接影响到果实品质和安全。因此，猕猴桃产地灌溉水质量评价标准要按照生态环境部和国家市场监督管理总局发布的《农田灌溉水质标准》（GB 5084—2021），明确规定农田灌溉水质基本控制项目限值（表 3–2）。

表 3–2　农田灌溉水质基本控制项目限值

序号	项目类别		作物种类	
			水田作物	旱地作物
1	pH 值		5.5 ～ 8.5	
2	水温（℃）	≤	35	
3	悬浮物（mg/L）	≤	80	100
4	五日生化需氧量（mg/L）	≤	60	100
5	化学需氧量（mg/L）	≤	150	200
6	阴离子表面活性剂（mg/L）	≤	5	8
7	氯化物（mg/L）	≤	350	
8	硫化物（mg/L）	≤	1	
9	全盐量（mg/L）	≤	1 000（非盐碱土地区）	
10	总铅（mg/L）	≤	0.2	
11	总镉（mg/L）	≤	0.01	

（续表）

序号	项目类别		作物种类	
			水田作物	旱地作物
12	铬（六价）（mg/L）	≤	0.1	
13	总汞（mg/L）	≤	0.001	
14	总砷（mg/L）	≤	0.05	0.1
15	粪大肠菌群数（MPN/L）		40 000	
16	蛔虫卵数（个/10L）		20	

三、猕猴桃产地土壤质量评价标准

土壤和水、大气、植物等环境因素之间经常互为外在条件，互相联系、互相影响，彼此之间不断地进行着物质和能量的交换。土壤是植物生产的基础，果园土壤养分状况直接影响到树体生长、产量品质提高，土壤物理性质影响着土壤的固肥能力和树体对养分的吸收能力，叶片营养则反映了树体营养水平与土壤养分的可利用效率。土壤污染可以引起和促进水体、大气、植物的污染，反之水体、大气、植物的污染又可造成土壤的污染。因此，要严格控制好猕猴桃产地土壤质量，具体参考《土壤环境质量 农用地土壤污染风险管控标准》（GB 15618—2018），见表3-3。

表3-3 农用地土壤污染风险筛选值（基本项目）

序号	污染物项目		风险筛选值（mg/kg）			
			pH 值 ≤ 5.5	5.5 < pH 值 ≤ 6.5	6.5 < pH 值 ≤ 7.5	pH 值 > 7.5
1	镉	水田	0.3	0.4	0.6	0.8
		其他	0.3	0.3	0.3	0.6

（续表）

序号	污染物项目		风险筛选值（mg/kg）			
			pH 值≤ 5.5	5.5 < pH 值≤ 6.5	6.5 < pH 值≤ 7.5	pH 值> 7.5
2	汞	水田	0.5	0.5	0.6	1.0
		其他	1.3	1.8	2.4	3.4
3	砷	水田	30	30	25	20
		其他	40	40	30	25
4	铅	水田	80	100	140	240
		其他	70	90	120	170
5	铬	水田	250	250	300	350
		其他	150	150	200	250
6	铜	果园	150	150	200	200
		其他	50	50	100	100
7	镍		60	70	100	190
8	锌		200	200	250	300

注：重金属和类金属砷均按元素总量计；对于水旱轮作地，采用其中较严格的风险筛选值。

第二节　猕猴桃生产过程质量安全控制

一、苗木选择：砧木、品种和苗木上控制

（一）品种与砧木上控制

砧木是嫁接时带有根系，承受接枝、接芽的实生苗。国内在猕猴桃上常用的砧木有葛枣猕猴桃、狗枣猕猴桃、软枣猕猴桃

等，主要采用实生播种获得。砧木的出圃标准是生长健壮、根系发达、有 3～5 个饱满芽、无病虫害、无机械损伤、与接穗亲和力强的种或同种实生苗，地径 ≥ 0.6cm。主要选用对病虫害具有抗性或耐性的品种或砧木。

（二）苗木上控制

嫁接苗是在实生苗上嫁接了栽培品种接穗的苗木。在苗木上控制主要有两点，一是优先选用无病毒苗木，不从疫区（溃疡病高发区）购买苗木；二是在猕猴桃质量安全控制中主要关注苗木质量环节，嫁接苗应达到表 3-4 中的一级标准。

表 3-4　嫁接苗标准等级

项目	级别		
	一级	二级	三级
品种与砧木	品种与砧木纯正。与雌株品种配套的雄株品种花期应与雌株品种基本同步，最好是同步，实生苗和嫁接苗砧木应是美味猕猴桃		
侧根形态	侧根没有缺失和劈裂伤		
侧根分布	均匀、舒展而不卷曲		
侧根数量（条）	≥ 4		
侧根长度（cm）	当年生苗 ≥ 20.0，二年生苗 ≥ 30.0		
侧根粗度（cm）	≥ 0.5	≥ 0.4	≥ 0.3
苗干直曲度（°）	≤ 15.0		
当年生实生苗（cm）	≥ 100.0	≥ 80.0	≥ 60.0
当年生嫁接苗（cm）	≥ 90.0	≥ 70.0	≥ 50.0
当年生自根营养系苗(cm)	≥ 100.0	≥ 80.0	≥ 60.0
二年生实生苗（cm）	≥ 200.0	≥ 185.0	≥ 170.0
二年生嫁接苗（cm）	≥ 190.0	≥ 180.0	≥ 170.0

（续表）

项目	级别		
	一级	二级	三级
二年生自根营养系苗（cm）	≥ 200.0	≥ 185.0	≥ 170.0
苗干粗度（cm）	≥ 0.8	≥ 0.7	≥ 0.6
根皮与茎皮	无干缩皱皮，无新损伤，老损伤总面积不超过 $1.0cm^2$		
嫁接苗品种饱满芽数（个）	≥ 5	≥ 4	≥ 3
接合部愈合情况	愈合良好。枝接要求接口部位砧穗粗细一致，没有大脚（砧木粗、接穗细）、小脚（砧木细、接穗粗）或嫁接部位凸起臃肿现象；芽接要求接口愈合完整，没有空、翘现象		
木质化程度	完全木质化		
病虫害	除国家规定的检疫对象外，还不应携带以下病虫害：根结线虫、介壳虫、根腐病、溃疡病、飞虱、螨类		

二、肥料施用：肥料施用上控制

肥料是指施入土壤中或是处理植物地上部分，能够改善植物营养状况和土壤条件的一切有机物和无机物。施肥目的是改善植物营养和土壤条件，提高农产品的产量和质量。肥料是猕猴桃生产过程中重要的投入品，不合格的肥料或不合理的施用，都会对猕猴桃生长及果实品质造成危害，包括重金属、病原微生物等污染物。

（一）肥料分类

按养分构成可分为单一肥料（如尿素）、复合肥料（如磷酸铵）和完全肥料（含氮、磷、钾，如有机肥）；按见效快慢可分为速效肥料、缓效肥料、迟效肥料和长效肥料；按来源可分为自然肥料和工业肥料；以物理形态可分为固体肥料、液体肥料和气体肥料；以化学成分、作用效果可分为无机肥料、有机肥料和生物肥料等。这里着重介绍无机肥料、有机肥料和生物肥料。

1. 无机肥料

（1）氮素肥料。

①铵态氮肥：如硫酸铵、氯化铵、碳酸氢铵、氨水。其特点是易溶于水，溶解后形成铵离子，能被植物直接吸收利用，迅速发挥肥效；铵离子能与土壤胶体上吸附的各种阳离子进行交换，为土壤胶体所吸附而保存在土壤中，不易流失；遇到碱性物质则分解，放出氨气而挥发，损失氮素，所以在施用过程中要避免和碱性物质混合；在通气良好的土壤中，铵态氮易进行硝化作用，转化为硝态氮，仍能被植物吸收利用，但也易从土壤中淋失。

②硝态氮肥：肥料中的氮以硝态氮的形式存在的氮肥。如硝酸铵、硝酸钙等。其特点是易溶于水，溶解后形成的硝酸根离子，能被植物根系直接吸收，为速效肥；硝酸根离子带负电荷，一般不能为土壤胶体吸附，施入土壤后分散于土壤溶液中，易淋失；在缺氧条件下，硝态氮可经反硝化作用转化为游离的分子态氮气和氧化氮气体而造成氮素损失；硝态氮肥有较大的吸湿性、助燃性和爆炸性，要注意防潮防爆。

③酰胺态氮肥：凡含有酰胺基（$-CONH_2$）或在分解过程中产生酰胺基的氮肥，如尿素。尿素适于作基肥和追肥，但不宜作种肥或拌种，因浓度高时，会使蛋白质变性，可用于各种土壤。作基肥应深施，不可离根系太近，并要覆土。

④包膜氮肥：经过包膜处理后，颗粒状的速效氮肥可变为长效氮肥或缓释氮肥，成膜物质有硫黄、磷肥、有机合成的或天然的高分子物质。常见的包膜氮肥有硫黄包衣尿素、高分子包膜硝酸铵和钙镁磷肥包衣碳酸铵等。具有缓释性，不容易挥发，不容

易遭雨水淋洗，特别适于保肥性差的土壤和多年生绿地植物。

（2）矿质磷肥。

①水溶性磷肥：能够溶解于水的磷肥为水溶性磷肥。最常用的是过磷酸钙，其次是磷酸铵。特点为速效，使用方便，但当年利用率低，一般为 10%～23%；水溶性磷肥移动性小，据研究，过磷酸钙施入土壤 3 周后，扩散半径仅有 1.7cm 左右。施肥时要靠近根系，集中施用。作基肥时应条施、穴施或叶面喷施。与有机肥混合使用能增加有效性。

②弱酸溶性磷肥：能溶于 2% 的柠檬酸或中性柠檬酸铵溶液的磷肥，叫弱酸溶性磷肥。有钙镁磷肥、钢渣磷肥和偏磷酸钙等。

③难溶性磷肥：既不溶于水，又不溶于弱酸，只能溶于强酸的磷肥。包括磷矿粉、骨粉和磷质海鸟粪等。以前磷矿粉使用最广，不过目前已基本停止生产使用。

（3）矿质钾肥。主要是各种钾盐矿及其加工制品，还有草木灰。常用钾肥有硫酸钾和氯化钾，都是水溶性速效肥，有较弱的生理酸性反应，宜作基肥。钾肥宜集中应条施或穴施于根系附近，并与氮、磷肥配合使用。

（4）微量元素肥料。主要指含有铁、锰、铜、锌、硼、钼等元素的无机化合物：种类很多，以硼、铜、锌肥用得较多。硼肥有硼酸、硼砂等；铜肥主要有硫酸铜；锌肥主要有硫酸锌、氯化锌；钼肥主要有钼酸铵、钼酸钠；锰肥主要有硫酸锰、氯化锰。微量元素肥料因施入土壤易被固定，安成无效态，所以施用时一般采用叶面喷施。微量元素肥料施用还要注意适量，过量易对植物造成毒害。

（5）化学复合肥料。同时含有氮、磷、钾等两种或两种以上营养元素的化学肥料叫复合肥料。有二元复合肥、三元复合肥和多元复合肥。或由化学方法或（和）混合方法制成的含氮、磷、钾中任何两种或三种的化肥。

①复合肥料：工艺流程发生显著的化学反应制成的肥料。

②混合肥料：以物理过程为主，有时也伴有化学反应发生，通过几种单元肥料机械地、简单地混合而成的肥料。

③掺合肥料：单元肥料造粒后再简单、机械地混合。

2. 有机肥料

有机肥分为传统有机肥和商品有机肥。传统的有机肥料利用方式落后，存在养分含量低、劳动效率低、体积大、劳动强度大，污染大等缺点。商品有机肥主要是以各种动物废弃物（包括动物粪便、动物加工废弃物）和植物残体（饼肥类、作物秸秆、落叶、枯枝、草炭等），采用物理、化学、生物或三者兼有的处理技术，经过一定的加工工艺（包括但不限于堆制、高温、厌氧等），消除其中的有害物质（病原菌、病虫卵害、杂草种子等）达到无害化标准而形成的。相比于传统有机肥，商品有机肥是一种工业化生产、质量相对稳定、发酵完全腐熟、无有害物质且符合国家相关标准，有机质含量 ≥ 45% 的精制有机肥。商品有机肥对于改良土壤结构、改善农产品品质方面具有重要作用，因此越来越受到消费者的青睐。

3. 生物肥料

生物肥料是含有大量活性微生物的间接肥料，又称菌肥。生物肥料是用科学方法从土壤中分离、选育出的一些有益微生物，通过培养繁殖制成菌剂，施用在树木、苗木或农作物土壤中，能改善根系营养环境，促进植物生长。常用的菌肥有菌根菌肥、根瘤菌肥、自生固氮菌肥、磷细菌肥、钾细菌肥、抗生菌肥、复合菌肥等类别。菌肥是辅助性或间接性肥料，它本身一般不含植物需要的营养元素，而是通过微生物的生命活动，固定氮素、转化养分、帮助植物吸收养分、分泌激素刺激根系发育、抑制有害微生物等。

（二）肥料施用控制原则

1. 不施用含氯肥料

猕猴桃属于忌氯果树，当施用含氯肥料过多或过于集中，吸收和积累氯离子超过一定浓度会使果树受到伤害，在干旱的土壤中氯离子含量若达到 0.05% 以上，植物会因根系中毒造成植株的枯死，以氯化铵、氯化钾等氯化物为代表的单质肥料和以此肥料配成的复合或复混肥料在果树生产中用量稍大就可能产生肥害。当其浓度达到一定程度时，便会对植物根系产生毒害。根部受到伤害，使整株树不能正常生长，容易受到病菌的侵害而发生病害，轻者抑制生长，重者可造成烂根、死根、落叶、枯芽，甚至死树。

2. 使用已登记的肥料产品

肥料登记最主要是保证肥料产品的可查性，肥料产品在有关部门监督下，保证对农业生产、生态环境和人、畜安全无害。例如商品有机肥，就是一种工业化生产、质量相对稳定、发酵完全腐熟、无有害物质且符合国家相关标准，有机质含量 ≥ 45% 的精制有机肥。人们可从农业农村部种植业管理司网站查询，输入产品名称，就可显示该肥料产品登记的相关情况，包括企业名称、产品通用名称、产品形态、登记技术指标、适宜范围、登记证号及登记有效期等。同时注意我国《肥料登记管理办法》中第十三条规定，对经农田长期使用，有国家或行业标准的一些产品免予登记，比如硫酸铵、尿素、硝酸铵、过磷酸钙、氯化钾、硝酸钾、钙镁磷肥、磷酸二氢钾、单一微量元素肥、高浓度复合肥等。

3. 配方施肥

根据土壤状况和树体营养需求，确定施肥种类和施肥量，进行配方施肥，确保树体强健、果实品质优良。基肥以有机肥为主，追肥以速效肥为主。

猕猴桃是一种对肥水要求较高的果树，需大肥大水。一般重施基肥，辅施壮果肥。基肥以有机肥为主，配施磷钾肥，占全年施肥量的60%；壮果肥以速效性肥料为主，配施钾肥，占全年施肥量的40%。基肥于采果后至伤流期前进行，越早施效果越好，且应深施。壮果肥于谢花坐果后1个月内进行。

原则：定期检测土壤中的矿物质养分和有机质含量，结合每年果实和枝条带走的养分，确定全年的施肥总量。

次数：幼树少量多次，追肥从萌芽期至10月，20d左右1次；基肥10—11月施。成年树全年3～5次，早熟品种1次基肥、2次追肥；中晚熟品种1次基肥，3～4次追肥，具体施肥量可参考表3-5。

表3-5　不同树龄的猕猴桃园参考施肥量

树龄	亩*产量（kg）	年施用肥料总量（kg/亩）			
		优质农家肥	化肥		
			纯氮	纯磷	纯钾
1年生		1 500	4	2.8～3.2	3.2～3.6
2～3年生		2 000	8	5.6～6.4	6.4～7.2
4～5年生	1 000	3 000	12	8.4～9.6	9.6～10.8
6～7年生	1 500	4 000	16	11.2～12.8	12.8～14.4
成龄园	2 000	5 000	20	14～16	16～18

注：根据需要加入适量铁、钙、镁等其他微量元素肥料。

　　*1亩≈667m^2，1hm^2=15亩，全书同。

4. 保留施肥记录

如表 3-6 所示，包括所施肥料的产品名称、有效成分含量、生产企业名称、登记证号以及施肥地点、日期、施肥量、施肥方法、施肥人员等信息。

表 3-6 投入品生产质量安全跟踪（样表）

园地名称				面积		品种		
序号	品名	使用日期	剂型	生产厂家	用量	施用方法	效果	记载人

注：根据投入品使用顺序逐项记载；用量为每公顷用量，肥料计算单位用千克（kg），农药计量单位用毫升（mL）或克（g）。

三、病虫害防治：农药使用上控制

病虫害的防治主要采用物理措施、生物防治、化学药剂等，其中化学农药的使用是最常用的措施，也是质量安全控制的关键因素。

（一）从源头上管控农药使用

在表 3-7 和表 3-8 中，目前国家明令禁止使用的农药有 46 种，限制使用的农药有 20 种，严格管控国家禁、限用农药及高毒、高风险农药进入狝猴桃种植区，使用已登记的高效、低毒、低残留农药。按照农药标签注明的防治对象、使用浓度、使用方法、安全间隔期等信息使用，参照《农药管理条例》执行。

表 3-7　国家明令禁止使用的农药名单

	具体名称
国家明令禁止使用的农药（46种）	六六六、滴滴涕、毒杀芬、二溴氯丙烷、杀虫脒、二溴乙烷、除草醚、艾氏剂、狄氏剂、汞制剂、砷类、铅类、敌枯双、氟乙酰胺、甘氟、毒鼠强、氟乙酸钠、毒鼠硅、甲胺磷、甲基对硫磷、对硫磷、久效磷、磷胺、苯线磷、地虫硫磷、甲基硫环磷、磷化钙、磷化镁、磷化锌、硫线磷、蝇毒磷、治螟磷、特丁硫磷、氯磺隆、胺苯磺隆、甲磺隆、福美肿、福美甲肿、百草枯、三氯杀螨醇、林丹、硫丹、溴甲烷、氟虫胺、杀扑磷、2,4-滴丁酯

表 3-8　限制使用的农药名单（20种）

中文通用名	限制使用作物
甲拌磷	蔬菜、瓜果、茶叶、菌类、中草药、甘蔗
甲基异柳磷	
克百威	
水胺硫磷	蔬菜、瓜果、茶叶、菌类、中草药
氧乐果	
灭多威	
涕灭威	
灭线磷	
内吸磷	蔬菜、瓜果、茶叶、中草药
硫环磷	
氯唑磷	
乙酰甲胺磷	蔬菜、瓜果、茶叶、菌类、中草药
丁硫克百威	
乐果	
毒死蜱	蔬菜
三唑磷	

（续表）

中文通用名	限制使用作物
氰戊菊酯	茶叶
丁酰肼	花生
氟虫腈	禁止在所有农作物上使用（玉米等部分旱田种子包衣除外）
氟苯虫酰胺	水稻

（二）根据病虫害发生规律，高效使用农药

贯彻"预防为主，综合防治"的植保方针。以农业防治为基础，提倡生物防治，按照病虫害的发生规律科学使用化学防治技术。化学防治应做到对症下药，适时用药；注重药剂的轮换使用和合理混用；按照规定的浓度、每年的使用次数和安全间隔期（最后一次用药距离果实采收的时间）要求使用。对化学农药的使用情况进行严格、准确的记录。在表 3-9、表 3-10 中，介绍了猕猴桃生产上常见病虫害及主要发病时期，并推荐了相关防治方法。

表 3-9　猕猴桃生产上主要病害推荐用药

主要病害	类别	主要发病时期	综合防治方法
根腐病	真菌病害	4～5月开始发病，7～9月是严重发生期，10月以后停止发病	雨季做好开沟排水工作，定植不宜过深，施肥要施腐熟的有机肥。在3月和6月中下旬，用60%代森锌稀释400倍液灌根
立枯病	真菌病害	主要为害猕猴桃幼苗，高温高湿时发病严重	选择地势高、排水好、土质疏松的地方建苗圃，播种前土壤应充分翻晒和消毒，施用腐熟的有机肥。用50%多菌灵800～1 000倍液喷施，每周1次，连续2～3次预防；发病时用75%百菌清可湿性粉剂600倍液，防止病菌蔓延

（续表）

主要病害	类别	主要发病时期	综合防治方法
根结线虫病	病害	25～28℃有利于病原根结线虫发生和发展，2龄幼虫开始为害，取食新嫩根	猕猴桃受根结线虫为害很难根治，所以预防重于治疗。选用无病害苗木，严禁从病区调运苗木，一经发现病苗或重症树立即挖取烧毁；多施有机肥和进行土壤改良，保持土壤肥力和通气透水；轻病株可剪掉病根后放入44～48℃温水中浸泡5min，重病株要集中烧毁，同时进行土壤消毒
溃疡病	细菌病害	一般发生在春季伤流期（3月开始侵染，4月下旬为发病高峰期）、开花期和秋季，主要为害主干、枝蔓、叶片及花蕾等部位	溃疡病是检疫性、毁灭性病害，很难根治，所以预防重于治疗。严禁从病区调运苗木，一经发现立即处理；轻症进行剪除或刮治，并对伤口涂药保护，个别植株重症，应立即清理出园，焚烧深埋；在化学防治上，做好秋季预防（可选喷1 000万～1 500万单位农用链霉素1 000倍液或0.15%梧宁霉素800倍液或1.5%噻霉酮600～800倍液或中生菌素600倍液等，每10～15d喷一次，连喷3～4次，交替使用药物）＋冬季清园（3～4波美度石硫合剂）＋春季治疗（在萌芽后至花前，可选喷1.5%噻霉酮600～800倍液或可杀得3000（氢氧化铜）600～800倍液或0.15%梧宁霉素800倍液或菌毒清500倍液或代森铵等杀菌剂，连喷2～3次）

（续表）

主要病害	类别	主要发病时期	综合防治方法
褐斑病	真菌病害	主要为害幼嫩叶片，一般在5—6月开始发病，7—8月进入盛发期，9月如多雨、湿度大，则发病严重	加强栽培管理，保持猕猴桃园通风透光，及时清除病枝、病叶，集中烧毁或深埋，施足基肥，避免偏施氮肥，增施磷、钾肥和适量硼肥。发病初期，喷施70%代森锰锌可湿性粉剂800倍液，每隔28d喷施1次，连续2次
炭疽病	真菌病害	主要为害叶片、枝条和果实，在高温、多雨、高湿条件下易流行	冬季彻底清园，消灭病原。加强栽培管理，保持猕猴桃园通风透光。萌芽前，喷施2波美度石硫合剂清园；谢花后和套袋前施药1次，可用50%多菌灵600倍液或70%甲基硫菌灵800～1 000倍液等
灰霉病	真菌病害	主要为害叶片、花和果实	冬季彻底清园，消灭病原。加强栽培管理，保持猕猴桃园通风透光。在盛花末期，用50%多菌灵可湿性粉剂800倍液或70%代森锰锌可湿性粉剂800倍液
软腐病	真菌病害	主要为害果实、叶片、枝蔓。果实被害多发生在近成熟期和贮藏期，造成挂果期落果和贮藏期大规模腐烂	冬季彻底清园，消灭病原。加强栽培管理，重施基肥，及时追肥，增强树势。萌芽前，喷施3～5波美度石硫合剂；谢花后2周至果实膨大期喷施80%甲基硫菌灵可湿性粉剂1 000倍液
黑斑病	真菌病害	主要为害果实，一般6月上旬开始出现褐色小点，随着果实发育，该点颜色转为黑色或黑褐色	冬季清园，彻底清除枯枝落叶，施足基肥，增强树势。萌芽前，喷施3～5波美度石硫合剂；幼果期套袋前，喷施70%甲基硫菌灵可湿性粉剂1 000倍液或25%嘧菌酯悬浮剂2 000倍液

（续表）

主要病害	类别	主要发病时期	综合防治方法
花腐病	细菌病害	主要为害花和幼果	改善花蕾部的通风透光条件，加强果园肥水管理，摘除病蕾病花。萌芽前、萌芽至开花前、采果后各喷施100mg/L农用链霉素

表3-10 猕猴桃生产上主要虫害推荐用药

主要虫害	主要发病时期	综合防治方法
介壳虫	主要以若虫和雌成虫为主，4—9月为害	结合冬剪刮除枝条上的越冬成虫，萌芽前喷施5波美度石硫合剂，在卵孵期药剂防治效果最好
叶蝉	以成虫和若虫为主，4—9月为害	生长期及时摘心、整枝，保持果园通风透光；秋后彻底清除落叶和杂草，集中烧毁。在若虫发生盛期选用10%吡虫啉可湿性粉剂1 500倍液喷雾
斑衣蜡蝉	以4月卵孵化成若虫、成虫为害	冬季修剪、清园，减少虫卵；在若虫发生盛期，喷施高效氯氰菊酯乳油3 000倍液
金龟子	5月中旬至6月下旬是发生盛期	可选用菊酯类药剂，也可诱杀和捕杀成虫
椿象	一年发生1～2代，4月下旬至6月产卵，1龄若虫常聚集在卵周围，2龄后分散	冬季清除园内杂草和枯枝落叶；利用成虫的假死性和趋化性，在集中为害期进行人工捕杀，可在成虫越冬之际，定点垒砖垛，通过升温和糖醋液引诱剂吸引成虫，涂抹不干胶，粘捕越冬成虫。化学防治上，在成虫为害期清晨可选用20%高效氯氰菊酯乳油2 000倍液喷施
斜纹夜蛾	第3～4代斜纹夜蛾是为害的关键代数	可用频振式杀虫灯或糖醋液进行物理诱杀；用性激素进行生物防治；药剂上可选择10%溴虫腈悬浮剂2 000～2 500倍液

（续表）

主要虫害	主要发病时期	综合防治方法
红蜘蛛	一年可发生 10～15 代，在高温的 7—8 月为害严重	用瓢虫、草蛉等天敌进行生物防治。花前是进行药剂防治的最佳施药时期，可选择 10% 联苯菊酯 6 000～8 000 倍液、0.3～0.5 波美度石硫合剂等药剂轮换使用，避免产生抗药性
苹小卷叶蛾	以幼虫为害叶片和果实为主	冬季修剪和清园，减少虫口基数；用糖醋液进行物理防治诱杀成虫；挂性诱剂诱捕器或者赤眼蜂进行生物防治；药剂上用 2.5% 溴氰菊酯在一代幼虫初期喷雾防治

（三）安全使用农药，保留农药使用记录

1. 安全使用农药

按照《农药安全使用规范总则》（NY/T 1276—2007）的规定，对剩余药液、施药器械清洗液、农药包装容器等进行妥善处理。

（1）施过药的上市时间。喷洒过农药的狝猴桃，一定要过安全间隔期才能上市。各种农药的安全间隔期不同，具体可以参照《农药合理使用准则》（BB/T 8321）。

（2）合理使用农药。农药使用要按照农药瓶上说明书的规定，掌握好农药使用的范围、防治对象、用药量、用药次数等事项，不得盲目私自提高使用浓度。

（3）使用农药的注意事项。

①配药时，配药人员要戴胶皮手套，必须用量具按照规定的剂量称取药液或药粉，不得任意增加用量。严禁用手拌药，拌种要用工具搅拌，用多少拌多少。拌过药的种子应尽量用机具播种。如果手撒或点种时，必须戴防护手套，以防皮肤吸收农药中

毒。剩余的毒种应销毁，不准用作口粮或饲料。

②配药和拌种时应选择远离饮用水源、居民点的安全地方，要有专人看管，严防农药、毒种丢失或人、畜、禽误食中毒。

使用手动喷雾器喷药时应隔行喷。手动和机动药械均不能左右两边同时喷。大风和中午高温时应停止喷药。药桶内药液不能装得过满，以免晃出桶外，污染施药人员的身体。

③喷药前应仔细检查药械的开关、接头、喷头等处螺丝是否拧紧，药桶有无渗漏，以免漏药污染。喷头在使用过程中如发生堵塞，应先用清水冲洗后再排除故障，禁止用嘴吹吸喷头和滤网。施用过农药的地方要竖立标志，在一定时间内禁止放牧、割草、挖野菜，以防人、畜中毒。

④施用工作结束后，要及时将喷雾器清洗干净，连同剩余药剂一起交回仓库。清洗药械的污水应选择安全地点妥善处理，不准随地泼洒，防止污染饮用水源和养鱼池塘。盛过农药的包装空箱、瓶、袋等要集中处理。浸种用过的水缸要洗净集中保管。

⑤施药人员也要注意个人防护。施药前穿长袖上衣、长裤和鞋、袜。在施药时禁止吸烟、喝水、吃东西，不能用手擦嘴、脸、眼睛，绝对不准互相喷射嬉闹。每日工作后喝水、抽烟、吃东西之前要用肥皂彻底洗手、脸并漱口，有条件的应洗澡。被农药污染的工作服要及时换洗。施药人员每天喷药时间一般不得超过 6h。使用背负式机动药械，要两人轮换操作，连续施药 3 ～ 4d 应停休 1d。患皮肤病及其他疾病尚未恢复健康者，以及哺乳期、孕期、经期的妇女暂停喷药。操作人员如有头痛、头昏、恶心、呕吐等症状时，应立即离开施药现场，脱去污染的衣服，漱口，擦洗手、脸和皮肤等暴露部位，及时送医院治疗。

2. 保留农药使用记录

包括使用农药的生产企业名称、产品名称、有效成分及含量、登记证号、安全间隔期以及施药时间、施药地点、施药方法、稀释倍数、施药人员等信息。

四、栽培管理：从冬季清园、整形修剪、人工授粉、疏花疏果、膨大剂使用、果实套袋、果实采收、采果后清园上控制

栽培管理是猕猴桃生产过程中的最关键环节，主要包括冬季清园、整形修剪、人工授粉、疏花疏果、膨大剂使用、果实套袋、果实采收、采果后清园等措施，其主要的风险因子及控制措施满足表 3-11 要求。

表 3-11　猕猴桃栽培管理上的主要风险因子及控制措施

序号	关键点	主要风险因子	控制措施
1	冬季清园		使用石硫合剂喷洒全园
2	整形修剪	病虫源	根据品种特性，选择适宜树形。冬季修剪，同侧每 30cm 留一个结果母枝，每结果母枝上留 15～18 个芽，培养预备枝，及时回缩更新修剪。夏季修剪，主要保持通风透光，常用的方法是抹芽、疏枝、绑蔓、摘心等
3	人工授粉	溃疡病	花粉来源很重要，在正规渠道购买。授粉时，以全树 25% 左右的花开放时为宜，最好在晴天无风的上午，若授粉后 3h 内遇雨或在雨停后进行授粉的，要隔天再授粉 1 次

（续表）

序号	关键点	主要风险因子	控制措施
4	疏花疏果	病虫源	疏花在花序分离、花梗伸长时进行，将侧花、畸形花及病虫为害的花蕾全部疏除；疏果在花后10～15d坐果后进行，首先疏去畸形果、病虫为害果、扁果、伤果、小果等，再根据品种果实大小、结果枝的强弱程度调整留果数量，生长健壮的长果枝留4～5个果，中庸结果枝留2～3个果，短果枝留1个果；同时注意控制全树的留果量，一般比最终留果量多10%
5	膨大剂使用	激素	在花后20～25d，将配制好的膨大剂稀释液倒入猕猴桃专用浸果器，将整个果实置于浸果器中停留2s
6	果实套袋	病虫源	在花后40d进行套袋，选用耐冲刷、棕黄色、单层木浆纸袋，不应选用塑料袋、双层遮光袋、白色或其他颜色袋。套袋前应疏除残次果，并对果实进行杀虫、杀菌处理。套袋前需对纸袋口用水浸润，保证袋口5cm范围内柔软。套袋人员应剪掉指甲，磨光指甲剪口
7	果实采收	生物毒素、农药残留	根据可溶性固形物和干物质量确定采收时间。采收避开下雨、有雾或露水未干时段，采用清洁卫生的采果容器，参与采收人员应剪短、剪平指甲，戴上手套；采摘时用手指握住果实轻推果柄，应轻拿轻放；病虫果、落地果及机械损伤的果实分开放置；将采下的果实放入已垫有软物的果筐内，并及时运至预冷场地或贮藏场，防止太阳暴晒
8	采果后清园	病虫源	采果后，及时清除园内落叶、落果，用专业虫果袋密封集中处理

五、贮藏包装：贮藏保鲜、包装标志上控制

采后贮藏包装是猕猴桃质量控制中非常重要的环节，主要风险关键点是贮藏保鲜与包装标志，其主要风险因子及控制要点满足表3-12要求。

表 3-12　贮藏包装

序号	关键点	主要风险因子	控制措施
1	贮藏保鲜	农药残留、致病微生物、真菌毒素、重金属	应符合国家规定
2	包装标志	致病微生物、生物毒素、物理污染、化学污染	应符合国家规定

第四章　猕猴桃生产质量安全检测

第一节　常规检测

一、感官检验

猕猴桃在我国主要以鲜食为主，鲜果的感官特性与消费者的偏好密切相关，并决定产品的可接受性。果实感官主要从果实外观和果实内质两个方面进行评价，其中果实外观包括果实大小、果实形状、果皮色泽、果面洁净度和整齐度 5 个项目，果实内质包括可溶性固形物、果肉颜色、果肉质地、果实风味和果汁含量 5 个项目。感官评定小组由 6 ～ 10 名相关专业人员构成，对每个品种猕猴桃的 10 个项目进行评分。感官评定员独立打分，不交流，不讨论。感官具体指标可参考表 4–1。

表 4–1　感官评价

指标	分值	评分标准
果实大小	10 分	小果型 ≥ 8g，中果型 70 ～ 120g，大果型 90 ～ 150g，大果型计满分，其他酌情扣分
果实形状	10 分	有该品种典型特征，果型端正且美观计满分，有缺陷畸变的酌情扣分
果皮色泽	10 分	具有品种固有的色泽计满分，其他酌情扣分

（续表）

指标	分值	评分标准
果面洁净度	5 分	果面光滑，无病虫为害、轻微斑点计满分，其他酌情扣分
整齐度	5 分	果实大小、果形、色泽及洁净度均匀计满分，其他酌情扣分
可溶性固形物	15 分	高（≥ 18%）（15 分）、较高（15% ~ 18%）（12 分）、中（12% ~ 15%）（10 分）、低（≤ 12%）（8 分）
果肉颜色	5 分	具有该品种固有色泽且色泽正而鲜艳计满分，其他情况酌情扣分
果肉质地	10 分	果肉细腻、软硬适中为满分，其他情况酌情扣分
果实风味	25 分	分香甜、酸甜、甜酸、酸、涩酸等，根据品尝时口感评分，有过熟和腐败等异味的酌情扣分。香甜可口（25 分），酸甜味浓（20 分），甜酸（15 分），酸（10 分），涩酸（5 分）
果汁含量	5 分	按其含果汁多少酌情给分

二、一般物理性状的测定

（一）平均单果重

取 10 个果实，分别放在电子天平上称量，记录每个果实的质量（g）。计算每种果实平均单果质量。

（二）果形指数的测定

取 10 个果实，用游标卡尺分别测量果实中部最大处的横径和果实的纵径。计算果实的果形指数，以了解果实的形状和大小。果形指数 = 纵径 / 横径。

（三）果实硬度测定

在猕猴桃果实的赤道部位，等距离取两个位置，各削去一小块薄薄的果皮（厚约 1mm），用 GY-4 型果实硬度计测定各个位置果肉的硬度。

（四）干物质含量测定

沿着果实中心点横切 3mm 果肉，将果肉放在 60℃恒温烘箱中烘 6h 左右。干物质量 = 烘干后的质量 / 烘干前的质量 ×100%。

（五）果皮 / 果肉色差

用色差仪（CR-400）测定果皮 / 果肉色差。色差仪先用标准白板校正，用刮皮刀去掉果实中部位置 2 ～ 3mm 厚果皮，探孔对准新鲜果肉进行果肉颜色测定，直接读取记录 h 值。$L*$ 表示颜色的亮度，取值范围为 [1, 100]，数值越大，表示亮度越高。$a*$ 和 $b*$ 表示色度的组分，$a*$ 取正值时为红色，负值时为绿色；$b*$ 取正值时为黄色，负值为蓝色，其绝对值越大则表示颜色越深。h 为色调角，当 $h=0$ 表示红色，$h=90$ 表示黄色，$h=180$ 表示绿色，$h=270$ 表示蓝色。

三、可溶性固形物检测

手持式折光仪是一种通过测定糖的水溶液的折光率来测定其浓度的仪器。常用的是日本艾拓糖度计（PAL-1，ATAGO）。在果实中部位置横切，用花柱端一半果实，挤横切面果肉果汁 2 ～ 3 滴于折光仪凹槽内进行测定，直接读数记录数据。

四、可溶性糖含量检测

（一）原理

糖在浓硫酸作用下，可经脱水反应成糠醛或羟甲基糠醛，生成的糠醛或羟甲基糠醛可与蒽酮反应生成蓝绿色糠醛衍生物。在一定范围内，该衍生物颜色的深浅与糖的含量成正比。糖类与蒽酮反应生成的有色物质在可见光区波长 630nm 处有强的吸收峰。

（二）试剂

蒽酮—乙酸乙酯试剂（称取 1.0g 分析纯蒽酮，溶于 50mL 乙酸乙酯中，贮于棕色瓶中）、浓硫酸（相对密度 1.84）、100μg/mL 蔗糖标准液。

（三）操作步骤

取 6 支 25mL 刻度试管，重复两次，按表 4-2 加入 100μg/mL 蔗糖标准液和蒸馏水。然后按顺序向试管中加入 0.5mL 蒽酮–乙酸乙酯试剂和 5.0mL 浓硫酸，充分振荡，立即将试管放入沸水浴中，逐管准确保温 1min，取出后自然冷却至室温。以 0 号管作空白对照调零，在波长 630nm 处测定吸光值。

表 4-2 绘制蔗糖标准曲线加入的试剂量

项目	管号					
	0	1	2	3	4	5
100μg/mL 蔗糖标准液	0	0.2	0.4	0.6	0.8	1.0
蒸馏水（mL）	2.0	1.8	1.6	1.4	1.2	1.0
相当于蔗糖量（μg）	0	20	40	60	80	100

称取 1.0g 猕猴桃果肉置于研钵中，研磨呈浆状后，加入少量蒸馏水，转入至试管中，再加入 5 ～ 10mL 蒸馏水，用塑料薄膜封口，于沸水中煮沸提取 30min，取出待冷却后过滤，将滤液直接滤入 100mL 容量瓶中，再将残渣回收到试管中，加入 5 ～ 10mL 蒸馏水再煮沸提取 10min，并过滤至容量瓶中，用水反复漂洗试管及残渣，过滤后一并转入容量瓶并定容至刻度。吸取 0.5mL 样品提取液加入 25mL 的刻度试管中，加 1.5mL 蒸馏水，按照与制作标准曲线相同的测定步骤，测定反应液的吸光度值，重复 3 次。如果吸光度值过高时，应对样品提取液稀释后进行测定。

（四）结果计算

$$可溶性糖含量 = \frac{m' \times V \times N}{V_s \times m \times 10^6} \times 100\% \qquad （4-1）$$

式中，m' 为从标准曲线查得的蔗糖的质量（μg）；V 为样品提取液总体积（mL）；N 为样品提取液稀释倍数；V_s 为测定时所取样品提取液体积（mL）；m 为样品质量（g）。

五、可滴定酸含量检测

（一）原理

以酚酞作指示剂，应用中和法进行滴定，用消耗氢氧化钠标准溶液的体积计算总酸量。

（二）试剂

0.1mol/L 氢氧化钠溶液：称取 4.0g 分析纯氢氧化钠，用蒸馏水定容至 1 000mL，保存到带塑料盖的玻璃瓶中。使用时，需用邻苯二甲酸氢钾溶液标定氢氧化钠滴定液。准确称取 0.600 0g 在 105℃干燥至恒重的基准邻苯二甲酸氢钾，加入 50mL 新煮沸过的冷水，振摇，使其尽量溶解。再滴加 2 滴 1% 酚酞指示剂，用配制的氢氧化钠溶液滴定。在接近终点时，应使邻苯二甲酸氢钾完全溶解，滴定至溶液至粉红色。每 1mL 的氢氧化钠滴定液（0.1mol/L）相当于 20.42mg 的邻苯二甲酸氢钾。根据氢氧化钠溶液的消耗量与邻苯二甲酸氢钾的用量，计算出氢氧化钠滴定液的浓度。

1% 酚酞指示剂：称取 1.0g 酚酞，加入 100mL 50% 的乙醇溶液中溶解。

（三）操作步骤

称取混合均匀、过滤后的猕猴桃样品 10g 或果汁 10mL，转移到 100mL 容量瓶中，用蒸馏水定容至刻度，摇匀。吸取 20mL 溶液，转入 100mL 三角瓶，加入 2 滴 1% 酚酞指示剂，用已标定的氢氧化钠溶液进行滴定，直到溶液呈粉色并在 15s 内不褪色时为终点，记录消耗的氢氧化钠体积，重复 3 次。

（四）结果计算

$$可滴定酸含量 = \frac{V \times c \times (V_1 - V_0) \times f}{V_s \times m} \times 100\% \qquad (4-2)$$

式中，V 为样品提取液总体积（mL）；c 为氢氧化钠滴定液浓度（mol/L）；V_1 为滴定滤液消耗的 NaOH 溶液体积（mL）；V_0 为滴定蒸馏水消耗的氢氧化钠溶液体积（mL）；V_s 为滴定时所取滤液体积（mL）；m 为样品质量（g）；f 为折算系数（g/mmol）。

六、抗坏血酸含量检测

（一）原理

抗坏血酸具有很强的还原性，染料 2, 6- 二氯酚靛酚具有较强的氧化性，且在酸性溶液中呈红色，在中性或碱性溶液中呈蓝色。当用蓝色的碱性 2，6- 二氯酚靛酚滴定含有抗坏血酸的草酸溶液时，抗坏血酸被氧化成脱氢型，直到完全被氧化时，滴下的染料立即使草酸溶液呈现浅粉红色，在 15s 内不褪色时为终点。

（二）试剂

20g/L 草酸溶液（称取 20g 草酸，用蒸馏水溶解，并稀释至 1 000mL）、0.1mg/mL 标准抗坏血酸溶液（称取 50mg 抗坏血酸，用 20g/L 草酸溶液溶解，定容至 500mL。现用现配，贮于棕色瓶中，低温保存）、2，6- 二氯酚靛酚溶液（称取 100mg 2，6- 二氯酚靛酚钠盐，溶于 100mL 含有 26mg 碳酸氢钠的沸水中，充分摇溶，过滤，加蒸馏水稀释至 1 000mL。现用现配，贮于棕色瓶中，低温保存，临用前用标准抗坏血酸溶液标定）。

（三）操作步骤

称取猕猴桃样品 10g，先用少量的 20g/L 草酸溶液在冰浴条件下研磨成浆状，转入容量瓶，加入 20g/L 草酸溶液定容至 100mL，过滤摇匀备用。用移液器吸取 10mL 溶液置于 100mL 三角瓶中，用已标定的 2，6- 二氯酚靛酚溶液滴定至微红色且 15s 内不褪色，记录消耗的二氯酚靛酚溶液体积。同时以 10mL 20g/L 草酸溶液作为空白进行滴定，重复 3 次。

（四）结果计算

$$抗坏血酸含量（mg/100g）=\frac{V \times (V_1 - V_0) \times p}{V_s \times m} \times 100 \quad （4\text{-}3）$$

式中，V_1 为样品滴定消耗的染料体积（mL）；V_0 为空白滴定消耗的染料体积（mL）；p 为 1mL 染料溶液相当于抗坏血酸的质量（mg/mL）；V_s 为滴定时所取滤液体积（mL）；V 为样品提取总体积（mL）；m 为样品质量（g）。

第二节 农药残留检测

一、气相色谱法对猕猴桃中有机磷类农药多残留的测定

方法来源《蔬菜和水果中有机磷、有机氯、拟除虫菊酯和氨基甲酸酯类农药多残留的测定》（NY/T 761—2008）第 1 部分：蔬菜和水果中有机磷类农药多残留的测定方法一。适用于猕猴桃中敌敌畏、甲拌磷、乐果、对氧磷、对硫磷、甲基对硫磷、杀螟硫磷、异柳磷、乙硫磷、喹硫磷、伏杀硫磷、敌百虫、氧乐果、磷胺、甲基嘧啶磷、马拉硫磷、辛硫磷、亚胺硫磷、甲胺磷、二嗪磷、甲基毒死蜱、毒死蜱、倍硫磷、杀扑磷、乙酰甲胺磷、久效磷、胺丙畏、百治磷、苯硫磷、地虫硫磷、速灭磷、皮蝇磷、治螟磷、三唑磷、硫环磷、甲基硫环磷、益棉磷、保棉磷、蝇毒磷、地毒磷、灭菌磷、乙拌磷、除线磷、嘧啶磷、溴硫磷、乙基溴硫磷、丙溴磷、二溴磷、吡菌磷、特丁硫磷、水胺硫磷、灭线磷、伐灭磷、杀虫畏 54 种有机磷农药多残留气相色谱的检测。

本方法检出限为 0.01 ～ 0.3mg/kg。

（一）原理

试样中有机磷类农药经乙腈提取，提取溶液经过滤、浓缩后，用丙酮定容，用双自动进样器同时注入气相色谱仪的两个进样口，农药组分经不同极性的两根毛细管柱分离，火焰光度检测器（FPD 磷滤光片）检测。双柱保留时间定性，外标法定量。

（二）试剂与材料

除非另有说明，在分析中仅使用确认为分析纯的试剂和《分析实验室用水规格和试验方法》（GB/T 6682—2008）中规定的至少二级的水。

（1）乙腈。

（2）丙酮，重蒸。

（3）氯化钠，140℃烘烤4h。

（4）滤膜，0.2μm，有机溶剂膜。

（5）铝箔。

（6）54种农药标准品，纯度≥96%，溶剂为丙酮，分组情况见表4-3。

表4-3　54种有机磷农药分组

组别	农药
Ⅰ	敌敌畏、乙酰甲胺磷、百治磷、乙拌磷、乐果、甲基对硫磷、毒死蜱、嘧啶磷、倍硫磷、辛硫磷、灭菌磷、三唑磷、亚胺硫磷
Ⅱ	敌百虫、灭线磷、甲拌磷、氧乐果、二嗪磷、地虫硫磷、甲基毒死蜱、对氧磷、杀螟硫磷、溴硫磷、乙基溴硫磷、丙溴磷、乙硫磷、吡菌磷、蝇毒磷
Ⅲ	甲胺磷、治螟磷、特丁硫磷、久效磷、除线磷、皮蝇磷、甲基嘧啶磷、对硫磷、异柳磷、杀扑磷、甲基硫环磷、伐灭磷、伏杀硫磷、益棉磷
Ⅳ	二溴磷、速灭磷、胺丙畏、磷胺、地毒磷、马拉硫磷、水胺硫磷、喹硫磷、杀虫畏、硫环磷、苯硫磷、保棉磷

（7）农药标准溶液配制。

①单一农药标准溶液：准确称取一定量（精确至0.1mg）某农药标准品，用丙酮做溶剂，逐一配制成1 000mg/L的单一农药标准储备液，贮存在-18℃以下冰箱中。使用时根据各农药在对

应检测器上的响应值，准确吸取适量的标准储备液，用丙酮稀释配制成所需的标准工作液。

②农药混合标准溶液：将54种农药分为4组，按照表4-3中组别，根据各农药在仪器上的响应值，逐一准确吸取一定体积的同组别的单个农药储备液分别注入同一容量瓶中，用丙酮稀释至刻度，采用同样方法配制成4组农药混合标准储备溶液。使用前用丙酮稀释成所需质量浓度的标准工作液。

（三）仪器设备

（1）气相色谱仪，带有双火焰光度检测器（FPD磷滤光片），双自动进样器，双分流/不分流进样口。

（2）分析实验室常用仪器设备。

（3）食品加工器。

（4）旋涡混合器。

（5）匀浆机。

（6）氮吹仪。

（四）分析步骤

（1）试样制备。按《新鲜水果和蔬菜 取样方法》（GB/T 8855—2008）抽取蔬菜、水果样品，取可食部分，经缩分后，将其切碎，充分混匀放入食品加工器粉碎，制成待测样。放入分装容器中，于 -20 ～ -16℃条件下保存，备用。

（2）提取。准确称取25.0g试样放入匀浆机中，加入50.0mL乙腈，在匀浆机中高速匀浆2min后用滤纸过滤，滤液收集到装有5 ～ 7g氯化钠的100mL具塞量筒中，收集滤液40 ～ 50mL，盖上塞子，剧烈振荡1min，在室温下静置30min，使乙腈相和水相分层。

（3）净化。从具塞量筒中吸取10.00mL乙腈溶液，放入

150mL 烧杯中，将烧杯放在 80℃水浴锅上加热，杯内缓缓通入氮气或空气流，蒸发近干，加入 2.0mL 丙酮，盖上铝箔，备用。

将上述备用液完全转移至 15mL 刻度离心管中，再用约 3mL 丙酮分 3 次冲洗烧杯，并转移至离心管，最后定容至 5.0mL，在旋涡混合器上混匀，分别移入两个 2mL 自动进样器样品瓶中，供色谱测定。如定容后的样品溶液过于混浊，应用 0.2μm 滤膜过滤后再进行测定。

（4）测定。

①色谱参考条件：

色谱柱

预柱：1.0m，0.53mm 内径，脱活石英毛细管柱。

两根色谱柱，分别为：

A 柱：50% 聚苯基甲基硅氧烷（DB–17 或 HP–50 ＋）柱，30m×0.53mm×1.0μm，或相当者；

B 柱：100% 聚甲基硅氧烷（DB–1 或 HP–1）柱，30m×0.53mm× 1.50μm，或相当者。

温度

进样口温度：220℃。检测器温度：250℃。

柱温：150℃（保持 2min）$\xrightarrow{8℃/min}$ 250℃（保持 12 min）

气体及流量

载气：氮气，纯度 ≥ 99.999%，流速为 10mL/min。

燃气：氢气，纯度 ≥ 99.999%，流速为 75mL/min。

助燃气：空气，流速为 100mL/min。

进样方式

不分流进样。样品溶液一式两份，由双自动进样器同时进样。

②色谱分析：由自动进样器分别吸取 1.0μL 标准混合溶液和净化后的样品溶液注入色谱仪中，以双柱保留时间定性，以 A 柱获得的样品溶液峰面积与标准溶液峰面积比较定量。

（五）结果表述

（1）定性分析。双柱测得样品溶液中未知组分的保留时间（RT）分别与标准溶液在同一色谱柱上的保留时间（RT）相比较，如果样品溶液中某组分的两组保留时间与标准溶液中某一农药的两组保留时间相差都在 ±0.05min 内的可认定为该农药。

（2）定量结果计算。试样中被测农药残留量以质量分数 ω 计，单位以毫克每千克（mg/kg）表示，按式（4-4）计算。

$$\omega = \frac{V_1 \times A \times V_3}{V_2 \times A_s \times m} \times \rho \qquad (4\text{-}4)$$

式中，ρ 为标准溶液中农药的质量浓度（mg/L）；A 为样品溶液中被测农药的峰面积；A_s 为农药标准溶液中被测农药的峰面积；V_1 为提取溶剂总体积（mL）；V_2 为吸取出用于检测的提取溶液的体积（mL）；V_3 为样品溶液定容体积（mL）；m 为试样的质量（g）。

计算结果保留两位有效数字，当结果大于 1mg/kg 时保留 3 位有效数字。

二、气相色谱法对猕猴桃中有机氯类、拟除虫菊酯类农药多残留的测定

方法来源《蔬菜和水果中有机磷、有机氯、拟除虫菊酯和氨基甲酸酯类农药多残留的测定》（NY/T 761—2008）第 2 部分：蔬菜和水果中有机氯类、拟除虫菊酯类农药多残留的测定方法一。

适用于猕猴桃中 α-666、β-666、δ-666、o, p'-DDE、p, p'-DDE、o, p'-DDD、p, p'-DDD、o, p'-DDT、p, p'-DDT、七氯、艾氏剂、异菌脲、联苯菊酯、顺式氯菊酯、氯菊酯、氟氯氰菊酯、西玛津、莠去津、五氯硝基苯、林丹、乙烯菌核利、敌稗、三氯杀螨醇、硫丹、高效氯氟氰菊酯、氯硝胺、六氯苯、百菌清、三唑酮、腐霉利、丁草胺、狄氏剂、异狄氏剂、胺菊酯、甲氰菊酯、乙酯杀螨醇、氟胺氰菊酯、氟氰戊菊酯、氯氰菊酯、氰戊菊酯、溴氰菊酯41种有机氯类、拟除虫菊酯类农药多残留气相色谱检测。

本方法检出限为 0.000 1 ～ 0.01mg/kg。

（一）原理

试样中有机氯类、拟除虫菊酯类农药用乙腈提取，提取液经过滤、浓缩后，采用固相萃取柱分离、净化，淋洗液经浓缩后，用双塔自动进样器同时将样品溶液注入气相色谱仪的两个进样口，农药组分经不同极性的两根毛细管柱分离，电子捕获检测器（ECD）检测。双柱保留时间定性，外标法定量。

（二）试剂与材料

除非另有说明，在分析中仅使用确认为分析纯的试剂和《分析实验室用水规格和试验方法》（GB/T 6682—2008）中规定的至少二级的水。

（1）乙腈。

（2）丙酮，重蒸。

（3）己烷，重蒸。

（4）氯化钠，140℃烘烤 4h。

（5）固相萃取柱，弗罗里矽柱（Florisil®），容积 6mL，填充物 1 000mg。

（6）铝箔。

（7）41种农药标准品，纯度≥96%，溶剂为正己烷，分组情况见表4-4。

表4-4　41种有机氯类农药及拟除虫菊酯类农药分组

组别	农药
I	α-666、西玛津、莠去津、δ-666、七氯、艾氏剂、o, p'-DDE、p, p'-DDE、o, p'-DDD、p, p'-DDT、异菌脲、联苯菊酯、顺式氯菊酯、氟氯氰菊酯、氟胺氰菊酯、β-666
II	林丹、五氯硝基苯、乙烯菌核利、敌稗、硫丹、p, p'-DDD、三氯杀螨醇、高效氯氟氰菊酯、氯菊酯、氟氰戊菊酯、氯硝胺
III	六氯苯、百菌清、三唑酮、腐霉利、丁草胺、狄氏剂、异狄氏剂、乙酯杀螨醇、o, p'-DDT、胺菊酯、甲氰菊酯、氯氰菊酯、氰戊菊酯、溴氰菊酯

（8）农药标准溶液配制。

①单一农药标准溶液：准确称取一定量（精确至0.1mg）农药标准品，用正己烷稀释，逐一配制成1 000mg/L单一农药标准储备液，贮存在-18℃以下冰箱中。使用时根据各农药在对应检测器上的响应值，准确吸取适量的标准储备液，用正己烷稀释配制成所需的标准工作液。

②农药混合标准溶液：将41种农药分为3组，按照表4-4中组别，根据各农药在仪器上的响应值，逐一吸取一定体积的同组别的单个农药储备液分别注入同一容量瓶中，用正己烷稀释至刻度，采用同样方法配制成3组农药混合标准储备溶液。使用前用正己烷稀释成所需质量浓度的标准工作液。

（三）仪器设备

（1）气相色谱仪，配有双电子捕获检测器（ECD），双塔自动进样器，双分流 / 不分流进样口。

（2）分析实验室常用仪器设备。

（3）食品加工器。

（4）旋涡混合器。

（5）匀浆机。

（6）氮吹仪。

（四）分析步骤

（1）试样制备。按《新鲜水果和蔬菜 取样方法》（GB/T 8855—2008）抽取蔬菜、水果样品，取可食部分，经缩分后，将其切碎，充分混匀放入食品加工器粉碎，制成待测样。放入分装容器中，于 –20 ～ –16℃条件下保存，备用。

（2）提取。准确称取 25.0g 试样放入匀浆机中，加入 50.0mL 乙腈，在匀浆机中高速匀浆 2min 后用滤纸过滤，滤液收集到装有 5 ～ 7g 氯化钠的 100mL 具塞量筒中，收集滤液 40 ～ 50mL，盖上塞子，剧烈振荡 1min，在室温下静置 30min，使乙腈相和水相分层。

（3）净化。从 100mL 具塞量筒中吸取 10.00mL 乙腈溶液，放入 150mL 烧杯中，将烧杯放在 80℃水浴锅上加热，杯内缓缓通入氮气或空气流，蒸发近干，加入 2.0mL 正己烷，盖上铝箔，待净化。

将弗罗里矽柱依次用 5.0mL 丙酮＋正己烷（10+90）、5.0mL 正己烷预淋洗条件化，当溶剂液面到达柱吸附层表面时，立即倒入上述待净化溶液，用 15mL 刻度离心管接收洗脱液，用 5mL 丙酮＋正己烷（10+90）冲洗烧杯后淋洗弗罗里矽柱，并重复一次。将盛有淋洗液的离心管置于氮吹仪上，在水浴温度 50℃条件下，氮吹蒸发至小于 5mL，用正己烷定容至 5.0mL，在旋涡混合器上混匀，分别移入两个 2mL 自动进样器样品瓶中，待测。

（4）测定。

①色谱参考条件：

色谱柱

预柱：1.0m，0.25mm 内径，脱活石英毛细管柱。

分析柱采用两根色谱柱，分别为：

A 柱：100% 聚甲基硅氧烷（DB-1 或 HP-1）柱，30m× 0.25mm×0.25μm，或相当者；

B 柱：50% 聚苯基甲基硅氧烷（DB-17 或 HP-50＋）柱，30m×0.25mm×0.25μm，或相当者。

温度

进样口温度：200℃。检测器温度：320℃。

柱温：150℃（保持 2min）$\xrightarrow{6℃/min}$ 270℃（保持 8min，测定溴氰菊酯保持 23min）。

气体及流量

载气：氮气，纯度≥ 99.999%，流速为 1mL/min。

辅助气：氮气，纯度≥ 99.999%，流速为 60mL/min。

进样方式

分流进样。分流比 10∶1。样品溶液一式两份，由双塔自动进样器同时进样。

②色谱分析：由自动进样器分别吸取 1.0μL 标准混合溶液和净化后的样品溶液注入色谱仪中，以双柱保留时间定性，以 A 柱获得的样品溶液峰面积与标准溶液峰面积比较定量。

（五）结果表述

（1）定性分析。双柱测得样品溶液中未知组分的保留时间

（RT）分别与标准溶液在同一色谱柱上的保留时间（RT）相比较，如果样品溶液中某组分的两组保留时间与标准溶液中某一农药的两组保留时间相差都在 ±0.05min 内的可认定为该农药。

（2）定量结果计算。试样中被测农药残留量以质量分数 ω 计，单位以毫克每千克（mg/kg）表示，按公式（4-5）计算。

$$\omega = \frac{V_1 \times A \times V_3}{V_2 \times A_s \times m} \times \rho \qquad (4-5)$$

式中，ρ 为标准溶液中农药的质量浓度（mg/L）；A 为样品溶液中被测农药的峰面积；A_s 为农药标准溶液中被测农药的峰面积；V_1 为提取溶剂总体积（mL）；V_2 为吸取出用于检测的提取溶液的体积（mL）；V_3 为样品溶液定容体积（mL）；m 为试样的质量（g）。

计算结果保留两位有效数字，当结果大于 1mg/kg 时保留 3 位有效数字。

三、液相色谱法对猕猴桃中氨基甲酸酯类农药多残留的测定

方法来源《蔬菜和水果中有机磷、有机氯、拟除虫菊酯和氨基甲酸酯类农药多残留的测定》（NY/T 761—2008）第 3 部分：蔬菜和水果中氨基甲酸酯类农药多残留的测定。

适用于猕猴桃中涕灭威砜、涕灭威亚砜、灭多威、3-羟基克百威、涕灭威、克百威、甲萘威、异丙威、速灭威、仲丁威 10 种氨基甲酸酯类农药及其代谢物多残留液相色谱检测。

本方法检出限为 0.008 ～ 0.02mg/kg。

（一）原理

试样中氨基甲酸酯类农药及其代谢物用乙腈提取，提取液

经过滤、浓缩后，采用固相萃取技术分离、净化，淋洗液经浓缩后，使用带荧光检测器和柱后衍生系统的高效液相色谱进行检测。保留时间定性，外标法定量。

（二）试剂与材料

（1）乙腈。

（2）丙酮，重蒸。

（3）甲醇，色谱纯。

（4）氯化钠，140℃烘烤4h。

（5）柱后衍生试剂。

①0.05mol/L氢氧化钠溶液，Pickering®（Cat. No. CB130）。

②OPA稀释溶液，Pickering®（Cat. No. CB910）。

③邻苯二甲醛（O–Phthaladehyde，OPA），Pickering®（cat. No. 0120）。

④巯基乙醇（Thiofluor），Pickering®（Cat. No. 3700—2000）。

（6）固相萃取柱，氨基柱（Aminopropyl®），容积6mL，填充物500mg。

（7）滤膜，0.2μm，0.45μm，溶剂膜。

（8）农药标准品，纯度≥96%，溶剂为甲醇。

（9）农药标准溶液配制

①单个农药标准溶液：准确称取一定量（精确至0.1mg）农药标准品，用甲醇做溶剂，逐一配制成1 000mg/L的单一农药标准储备液，贮存在–18℃以下冰箱中。使用时根据各农药在对应检测器上的响应值，吸取适量的标准储备液，用甲醇稀释配制成所需的标准工作液。

②农药混合标准溶液：根据各农药在仪器上的响应值，逐一准确吸取一定体积的单个农药储备液分别注入同一容量瓶中，用甲醇稀释至刻度配制成农药混合标准储备溶液。使用前用甲醇稀

释成所需质量浓度的标准工作液。

（三）仪器设备

（1）液相色谱仪，可进行梯度淋洗，配有柱后衍生反应装置和荧光检测器（FLD）。

（2）食品加工器。

（3）匀浆机。

（4）氮吹仪。

（四）分析步骤

（1）试样制备。按《新鲜水果和蔬菜 取样方法》（GB/T 8855—2008）抽取蔬菜、水果样品，取可食部分，经缩分后，将其切碎，充分混匀放入食品加工器粉碎，制成待测样。放入分装容器中，于 -20 ～ -16℃条件下保存，备用。

（2）提取。准确称取 25.0g 试样放入匀浆机中，加入 50.0mL 乙腈，在匀浆机中高速匀浆 2min 后用滤纸过滤，滤液收集到装有 5 ～ 7g 氯化钠的 100mL 具塞量筒中，收集滤液 40 ～ 50mL，盖上塞子，剧烈振荡 1min，在室温下静置 30min，使乙腈相和水相分层。

（3）净化。从 100mL 具塞量筒中吸取 10.00mL 乙腈相溶液，放入 150mL 烧杯中，将烧杯放在 80℃水浴锅上加热，杯内缓缓通入氮气或空气流，将乙腈蒸发近干，加入 2.0mL 甲醇 + 二氯甲烷（1+99）溶解残渣，盖上铝箔，待净化。

将氨基柱用 4.0mL 甲醇 + 二氯甲烷（1+99）预洗条件化，当溶剂液面到达柱吸附层表面时，立即倒入上述待净化溶液，用 15mL 离心管接收洗脱液，用 2mL 甲醇 + 二氯甲烷（1+99）冲洗烧杯后过柱，并重复一次。将离心管置于氮吹仪上，在水浴温度 50℃条件下，氮吹蒸发至近干，用甲醇准确定容至 2.5mL。

在旋涡混合器上混匀，用 0.2μm 滤膜过滤，待测。

（4）色谱参考条件。

色谱柱

预柱：C_{18} 预柱，4.6mm×4.5cm；

分析柱：C_8，4.6mm×25cm，5μm 或 C_{18}，4.6mm×25cm，5μm。

柱温

42℃。

荧光检测器

λex330nm，λem465nm。

溶剂梯度与流速

溶剂梯度与流速见表 4-5。

表 4-5　溶剂梯度与流速

时间（min）	水（%）	甲醇（%）	流速（mL/min）
0.00	85	15	0.5
2.00	75	25	0.5
8.00	75	25	0.5
9.00	60	40	0.8
10.00	55	45	0.8
19.00	20	80	0.8
25.00	20	80	0.8
26.00	85	15	0.5

柱后衍生

0.05mol/L 氢氧化钠溶液，流速 0.3mL/min。

OPA 试剂，流速 0.3mL/min。

反应器温度

水解温度，100℃；衍生温度，室温。

（5）色谱分析。分别吸取 20.0μL 标准混合溶液和净化后的样品溶液注入色谱仪中，以保留时间定性，以样品溶液峰面积与标准溶液峰面积比较定量。

（五）结果表述

试样中被测农药残留量以质量分数 ω 计，单位以毫克每千克（mg/kg）表示，按式（4-6）计算。

$$\omega = \frac{V_1 \times A \times V_3}{V_2 \times A_s \times m} \times \rho \qquad (4\text{-}6)$$

式中，ρ 为标准溶液中农药的质量浓度（mg/L）；A 为样品溶液中被测农药的峰面积；A_s 为农药标准溶液中被测农药的峰面积；V_1 为提取溶剂总体积（mL）；V_2 为吸取出用于检测的提取溶液的体积（mL）；V_3 为样品溶液定容体积（mL）；m 为试样的质量（g）。

计算结果保留两位有效数字，当结果大于 1mg/kg 时保留 3 位有效数字。

四、气相色谱—质谱法对猕猴桃中农药多残留的测定

方法来源《食品安全国家标准 水果和蔬菜中 500 种农药及相关化学品残留量的测定 气相色谱 – 质谱法》（GB 23200.8—2016）。

适用于猕猴桃中杀虫脒、甲拌磷、五氯硝基苯、地虫硫磷、六六六、滴滴涕、甲霜灵、毒死蜱、甲基对硫磷、倍硫磷、马拉

硫磷、杀螟硫磷、三唑酮、对硫磷、二甲戊灵、腐霉利、杀扑磷、联苯菊酯、亚胺硫磷、氯菊酯、氰戊菊酯、氯氰菊酯、溴氰菊酯、特丁硫磷、甲基毒死蜱、三氯杀螨醇、异柳磷、丁草胺、丙溴磷、噻嗪酮、杀螨酯、多效唑、硫丹、三唑磷、甲氰菊酯、伏杀硫磷、咪鲜胺、蝇毒磷、氟氯氰菊酯、敌敌畏、嘧霉胺、醚菌酯、氟啶脲、高效氯氟氰菊酯、氯菊酯、哒螨灵、氯氰菊酯、氟氰戊菊酯、氰戊菊酯、苯醚甲环唑、水胺硫磷、甲胺磷、抗蚜威、噻虫嗪、抑霉唑、氟虫腈、啶虫脒等农药及相关化学品多残留的测定。

（一）原理

试样用乙腈匀浆提取，盐析离心后，取上清液，经固相萃取柱净化，用乙腈－甲苯溶液（3+1）洗脱农药及相关化学品，溶剂交换后用气相色谱－质谱仪检测。

（二）试剂与材料

1. 试剂

乙腈（CH_3CN，75-05-8）：色谱纯。

氯化钠（NaCl，7647-14-5）：优级纯。

无水硫酸钠（Na_2SO_4，7757-82-6）：分析纯。用前在650℃灼烧4h，贮于干燥器中，冷却后备用。

甲苯（C_7H_8，108-88-3）：优级纯。

丙酮（CH_3COCH_3，67-64-1）分析纯，重蒸馏。

二氯甲烷（CH_2Cl_2，75-09-2）：色谱纯。

正己烷（C_6H_{14}，110-54-3）：分析纯，重蒸馏。

2. 农药标准品

纯度≥95%。

3.农药标准溶液配制

（1）标准储备溶液。分别称取适量（精确至 0.1mg）各种农药及相关化学品标准物分别于 10mL 容量瓶中，根据标准物的溶解性选甲苯、正己烷、环己烷等溶剂溶解并定容至刻度（溶剂选择见表 4-6），标准溶液避光 4℃保存，保存期为一年。

（2）混合标准溶液。按照农药及相关化学品的性质和保留时间，将其分成 A、B、C、D、E 5 个组，并根据每种农药及相关化学品在仪器上的响应灵敏度，确定其在混合标准溶液中的浓度。所检测农药及相关化学品的分组及其混合标准溶液浓度见表 4-6。

依据每种农药及相关化学品的分组号、混合标准溶液浓度及其标准储备液的浓度，移取一定量的单个农药及相关化学品标准储备溶液于 100mL 容量瓶中，用甲苯定容至刻度。混合标准溶液避光 4℃保存，保存期为一个月。

表 4-6　农药及其相关化学品的分组、选择溶剂、混合标准溶液浓度、
保留时间及丰度比

序号	组名	农药名称	溶剂	混合标准溶液浓度（mg/L）	保留时间（min）	丰度比（%）
1	A	杀虫脒	正己烷	2.5	14.93	100：30：18：23
3		五氯硝基苯	甲苯	5	16.75	100：159：114
4		地虫硫磷	甲苯	2.5	17.31	100：141：15：6
5		β-六六六	甲苯	2.5	20.31	100：78：94：12
6		甲霜灵	甲苯	7.5	20.67	100：53：38
7		毒死蜱	甲苯	2.5	20.96	100：57：42
8		甲基对硫磷	甲苯	10	20.82	100：66：8：6
9		δ-六六六	甲苯	5	21.16	100：80：99：10
10		倍硫磷	甲苯	2.5	21.53	100：16：9
11		马拉硫磷	甲苯	10	21.54	100：36：15

（续表）

序号	组名	农药名称	溶剂	混合标准溶液浓度（mg/L）	保留时间（min）	丰度比（%）
12		杀螟硫磷	甲苯	5	21.62	100：52：60
13		三唑酮	甲苯	5	22.22	100：50：74
14		对硫磷	甲苯	10	22.32	100：23：35：11
15		二甲戊灵	甲苯	10	22.59	100：22：12
16		腐霉利	甲苯	2.5	24.36	100：70：15
17		杀扑磷	甲苯	5	24.29	100：2：4
18		p，p'-滴滴滴	甲苯	2.5	26.59	100：64：12：46
19	A	联苯菊酯	正己烷	2.5	28.57	100：25：23
20		亚胺硫磷	甲苯	5	30.46	100：11：4
21		顺式-氯菊酯	甲苯	2.5	31.42	100：15：2
22		反式-氯菊酯	甲苯	2.5	31.68	100：15：2
23		氯氰菊酯	甲苯	7.5	33.19	100：23：16
24		氰戊菊酯	甲苯	10	34.45 34.79	100：53：37：41
25		溴氰菊酯	甲苯	15	35.77	100：25：25
26		α-六六六	甲苯	2.5	16.06	100：98：47：6
27		特丁硫磷	甲苯	5	16.83	100：25：10：13
28		甲基毒死蜱	甲苯	2.5	19.38	100：70：5
29		三氯杀螨醇	甲苯	5	21.33	100：72：23：4
30		异柳磷	甲苯	5	22.99	100：44：45
31	B	p，p'-滴滴伊	甲苯	2.5	23.92	100：80：139：70
32		丁草胺	甲苯	5	23.82	100：75：46
33		丙溴磷	甲苯	15	24.65	100：39：37
34		噻嗪酮	甲苯	5	24.87	100：54：24
35		o，p'-滴滴滴	甲苯	2.5	24.94	100：65：39：15
36		杀螨酯	甲苯	5	25.05	100：282：103

（续表）

序号	组名	农药名称	溶剂	混合标准溶液浓度（mg/L）	保留时间（min）	丰度比（%）
37		o，p'-滴滴涕	甲苯	5	25.56	100：63：37：14
38		多效唑	甲苯	7.5	25.21	100：37：39
39		硫丹-2	甲苯	15	26.72	100：66：46
40		p，p'-滴滴涕	甲苯	5	27.22	100：65：7：34
41		三唑磷	甲苯	7.5	28.23	100：47：38
42	B	甲氰菊酯	甲苯	5	29.56	100：237：25
43		伏杀硫磷	甲苯	5	31.22	100：30：20
44		咪鲜胺	甲苯	15	33.07	100：59：18
45		蝇毒磷	甲苯	15	33.22	100：56：39：15
46		氟氯氰菊酯	甲苯	30	32.94 33.12	100：63：72
47		敌敌畏	甲醇	15	7.80	100：34：7
48		嘧霉胺	甲苯	2.5	17.28	100：45：5
49		ε-六六六	甲醇	5	20.78	100：76：15：40
50		o，p'-滴滴伊	甲苯	2.5	22.64	100：34：26：65
51		醚菌酯	甲苯	2.5	25.04	100：25：66
52		氟啶脲	甲苯	7.5	25.27	100：71：8
53	C	高效氯氟氰菊酯	甲苯	2.5	31.11	100：100：20
54		氯菊酯	甲苯	5	31.57	100：14：1
55		哒螨灵	甲苯	2.5	31.86	100：11：7
56		顺式-氯氰菊酯	甲苯	5	33.35	100：84：63
57		氟氰戊菊酯	环己烷	5	33.58 33.85	100：90：22
58		S-氰戊菊酯	甲苯	10	34.65	100：158：189
59		苯醚甲环唑	甲苯	15	35.40	100：66：83

序号	组名	农药名称	溶剂	混合标准溶液浓度（mg/L）	保留时间（min）	丰度比（%）
60	D	水胺硫磷	甲苯	5	22.87	100：26：22
61	E	甲胺磷	甲苯	10	9.37	100：112：52
62		抗蚜威	甲苯	5	19.08	100：23：8
63		噻虫嗪	甲苯	10	24.38	100：92：124
64		抑霉唑	甲苯	10	25.72	100：66：5
65		氟虫腈	甲苯	20	28.34	100：69：15
66		啶虫脒	甲苯	10	33.87	100：99：58

（3）内标溶液。准确称取 3.5mg 环氧七氯于 100mL 容量瓶中，用甲苯定容至刻度。

（4）基质混合标准工作溶液。A、B、C、D、E 组农药及相关化学品基质混合标准工作溶液是将 40μL 内标溶液和 50μL 的混合标准溶液分别加到 1.0mL 的样品空白基质提取液中，混匀，配成基质混合标准工作溶液 A、B、C、D 和 E。基质混合标准工作溶液应现用现配。

4. 材料

Envi-18 柱：12mL，2.0g 或相当者。

Envi-Carb 活性碳柱：6mL，0.5g 或相当者。

Sep-Pak NH₂ 固相萃取柱：3mL，0.5g 或相当者。

（三）仪器设备

气相色谱 - 质谱仪：配有电子轰击源（EI）。

分析天平：感量 0.01g 和 0.000 1g。

均质器：转速不低于 20 000r/min。

鸡心瓶：200mL。

移液器：1mL。

氮吹仪。

（四）试样制备

样品取样部位按 GB 2763 附录 A 执行，将样品切碎混匀均一化制成匀浆，制备好的试样均分成两份，装入洁净的盛样容器内，密封并标明标记。将试样于 -18℃冷冻保存。

（五）分析步骤

1. 提取

称取 20g 试样（精确至 0.01g）于 80mL 离心管中，加入40mL 乙腈，用均质器在 15 000r/min 匀浆提取 1min，加入 5g 氯化钠，再匀浆提取 1min，将离心管放入离心机，在 3 000r/min离心 5min，取上清液 20mL（相当于 10g 试样量），待净化。

2. 净化

将 Envi-18 柱放入固定架上，加样前先用 10mL 乙腈预洗柱，下接鸡心瓶，移入上述 20mL 提取液，并用 15mL 乙腈洗涤柱，将收集的提取液和洗涤液在 40℃水浴中旋转浓缩至约 1mL，备用。

在 Envi-Carb 柱中加入约 2cm 高无水硫酸钠，将该柱连接在 Sep-Pak 氨丙基柱顶部，将串联柱下接鸡心瓶放在固定架上。加样前先用 4mL 乙腈—甲苯溶液（3+1）预洗柱，当液面到达硫酸钠的顶部时，迅速将上述浓缩液转移至净化柱上，再每次用2mL 乙腈—甲苯溶液（3+1）3 次洗涤样液瓶，并将洗涤液移入柱中。在串联柱上加上 50mL 贮液器，用 25mL 乙腈—甲苯溶液（3+1）洗涤串联柱，收集所有流出物于鸡心瓶中，并在 40℃水浴中旋转浓缩至约 0.5mL。每次加入 5mL 正己烷在 40℃ 水浴中旋转蒸发，进行溶剂交换两次，最后使样液体积约为 1mL，加入 40μL 内标溶液，混匀，用于气相色谱 – 质谱测定。

3. 测定

（1）气相色谱 – 质谱参考条件。

色谱柱：DB-1701（30m×0.25mm×0.25μm）石英毛细管柱或相当者。

色谱柱温度程序：40℃ 保持 1min，然后以 30℃/min 程序升温至 130℃，再以 5℃/min 升温至 250℃，再以 10℃/min 升温至 300℃，保持 5min。

载气：氮气，纯度 ≥ 99.999%，流速 1.2mL/min。

进样口温度：290℃。

进样量：1μL。

进样方式：无分流进样，1.5min 后打开分流阀和隔垫吹扫阀。

电子轰击源：70eV。

离子源温度：230℃。

GC-MS 接口温度：280℃。

选择离子监测：每种化合物分别选择一个定量离子，2~3 个定性离子。每组所有需要检测的离子按照出峰顺序，分时段分别检测。每种化合物的保留时间及定量离子与定性离子的丰度比值，参见表 4-6。

（2）定性测定。进行样品测定时，如果检出的色谱峰的保留时间与标准样品相一致，并且在扣除背景后的样品质谱图中，所选择的离子均出现，而且所选择的离子丰度比与标准样品的离子丰度比相一致，则可判断样品中存在这种农药或相关化学品。如果不能确证，应重新进样，以扫描方式（有足够灵敏度）或采用增加其他确证离子的方式或用其他灵敏度更高的分析仪器来确证。

（3）定量测定。本方法采用内标法单离子定量测定。内标物为环氧七氯。为减少基质的影响，定量用标准溶液应采用基质混合标准工作溶液。标准溶液的浓度应与待测化合物的浓度相近。

（4）平行试验。按以上步骤对同一试样进行平行测定。

（5）空白试验。除不称取试样外，均按上述步骤进行。

（六）结果表述

气相色谱－质谱测定结果可由计算机按内标法自动计算，也可按式（4-7）计算

$$X = C_s \times \frac{A}{A_s} \times \frac{C_i}{C_{si}} \times \frac{A_{si}}{A_i} \times \frac{V}{m} \times \frac{1000}{1000} \qquad （4-7）$$

式中，X 为试样中被测物残留量（mg/kg）；C_s 为基质标准工作溶液中被测物的浓度（μg/mL）；A 为试样溶液中被测物的色谱峰面积；A_s 为基质标准工作溶液中被测物的色谱峰面积；C_i 为试样溶液中内标物的浓度（μg/mL）；C_{si} 为基质标准工作溶液中内标物的浓度（μg/mL）；A_{si} 为基质标准工作溶液中内标物的色谱峰面积；A_i 为试样溶液中内标物的色谱峰面积；V 为样液最终定容体积（mL）；m 为试样溶液所代表试样的质量（g）。

五、液相色谱—串联质谱法对猕猴桃中氯吡脲的测定

方法来源《出口水果中氯吡脲（比效隆）残留量的检测方法液相色谱－串联质谱法》（SN/T 3643—2013）。

适用于猕猴桃中氯吡脲残留的测定。

（一）原理

试样中残留的氯吡脲用乙腈提取，提取液经 N- 丙基乙二胺

（PSA）和 C_{18} 填料分散固相萃取净化后，液相色谱 - 串联质谱仪测定，外标法定量。

（二）试剂与材料

除非另有说明，所用试剂均为分析纯，水为《分析实验室用水规格和试验方法》（GB/T 6682—2008）规定的一级水。

（1）试剂。

乙腈（CH_3CN，75-05-8）：农药残留级。

甲醇：农药残留级。

乙酸铵。

氯化钠。

无水硫酸镁：使用前 500℃灼烧 5h，取出，在干燥器中冷却至室温，贮于密封瓶中备用。

5mmol/L 乙酸铵水溶液：称取 0.385g 乙酸铵，溶解于 1 000mL 水中。

甲醇 - 水溶液（60+40，体积化）：准确量取 60mL 甲醇和 40mL 水，混合后备用。

（2）氯吡脲（比效隆）标准品，纯度 ≥ 99%。

（3）农药标准溶液配制。

氯吡脲标准储备溶液：准确称取适量的氯吡脲标准物质，用甲醇配制成浓度为 100μg/mL 的标准储备溶液，-18℃冰箱中保存。

氯吡脲标准中间溶液：准确吸取适量的氯吡脲标准储备溶液，用甲醇配制成浓度为 10μg/mL 的标准中间溶液，0~4℃冰箱中保存。

空白样品基质溶液：选取不含待测物的样品，按照下文的"提取"和"净化"步骤操作制得。

氯吡脲标准基质溶液：根据需要使用前吸取适量的氯吡脲标准中间溶液，用空白样品基质溶液配制成适当浓度的标准基质溶液，0~4℃冰箱中保存，使用前配制。

（4）材料。

N-丙基乙二胺（PSA）填料：50μm，8.4% C，3.3% N，或相当者。

C$_{18}$填料：40 ～ 63μm，或相当者。

微孔过滤膜（尼龙）：有机系，13mm×0.22μm。

（三）仪器设备

液相色谱 - 串联质谱仪：配备电喷雾离子源（ESI）。

天平：感量 0.000 1g 和 0.01g。

食品粉碎机。

匀浆机：转速不低于 12 000r/min。

旋涡混合器。

离心机：转速不低于 4 000r/min。

旋转蒸发器。

氮吹仪。

聚丙烯离心管：50mL。

离心管：10mL。

（四）试样制备与保存

取水果样品 500g，取可食部分，将其切碎，充分混匀后放入食品粉碎机中粉碎，制成待测试样，标明标记。放入分装容器中，于 -18℃密封保存，备用。

（五）分析步骤

（1）提取。准确称取试样 10g（精确至 0.01g）于 50mL 离心管中，准确加入 20mL 乙腈，用匀浆机在 12 000r/min 高速匀浆 1min，加入 1g 氯化钠，将离心管置于冷水浴中冷却，缓慢加入 6g 无水硫酸镁，振荡，于 4 000r/min 离心 3min。

（2）净化。分别加入 100mg PSA 填料、100mg C_{18} 填料和 100mg 无水硫酸镁于 10mL 离心管中，移取 2mL 上清液于该离心管中，在旋涡混合器上涡旋 1min 后，4 000r/min 离心 3min。准确移取 1mL 上清液于一支干净的离心管中，用氮气吹干，甲醇–水溶液（60+40，体积比）溶解并定容至 1.0mL，过滤膜，供液相色谱–串联质谱仪测定和确证。

（3）测定。

①液相色谱参考条件：

色谱柱：C_{18} 柱，150mm×2.1mm（内径），5μm，或相当者。

柱温：30℃。

流速：0.25mL/min。

进样量：10μL。

流动相及梯度洗脱条件见表 4–7。

表 4–7　流动相梯度洗脱程序

时间（min）	甲醇（%）	5mmol 乙酸铵水溶液（%）
0.00	90	10
1.00	90	10
2.00	95	5
7.00	95	5
7.10	90	10
10.00	90	10

②质谱测定参考条件：

电离方式：电喷雾电离（ESI）。

扫描方式：正离子扫描。

检测方式：多反应监测（MRM）。

电喷雾电压：4.0kV。

鞘气：高纯氮气，0.276MPa。

辅助气：高纯氮气，0.138MPa。

碰撞气：高纯氩气，0.20Pa。

离子源温度：350℃。

监测离子对（m/z）：氯吡脲247.9/129.0（定量离子）、247.9/93.1。

透镜补偿电压及碰撞能量见表4-8。

表4-8　透镜补偿电压及碰撞能量

母离子（m/z）	子离子（m/z）	透镜补偿电压（V）	碰撞能量（eV）
247.9	93.1；129.0	70	33；18

③液相色谱—串联质谱检测及确证：根据试样中被测样液的含量情况，选取待测物的响应值在仪器线性响应范围内的浓度进行测定，如果超出仪器线性响应范围应进行稀释。在上述色谱条件下氯吡脲的参考保留时间约为6.2min。按照液相色谱—串联质谱条件测定样品和标准工作溶液，样品中待测物质的保留时间与标准溶液中待测物质的保留时间偏差在±2.5%之内。定量测定时采用标准曲线法。定性时应当与浓度相当标准工作溶液的相对丰度一致。相对丰度允许偏差不超过表4-9规定的范围，则可以判断样品中存在对应的被测物。

表4-9　定性确证时相对离子丰度的最大允许偏差

相对离子丰度	≥ 50%	20%~50%	10%~20%	≤ 10%
允许的相对偏差	±20	±25	±30	±50

（4）空白试验：除不称取试样外，均按上述步骤进行。

（六）结果表述

用色谱数据处理软件或按式（4-8）计算试样中氯吡脲残留

量，计算结果需扣除空白值。

$$X=\frac{C\times V\times 1000}{m\times 1000}\qquad(4\text{-}8)$$

式中，X 为试样中氯吡脲的残留量（mg/kg）；C 为从标准曲线上得到的氯吡脲溶液浓度（μg/mL）；V 为样液最终定容体积（mL）；m 为最终样液所代表的试样质量（g）。

第三节　重金属检测

方法来源《食品安全国家标准 食品中多元素的测定》（GB 5009.268—2016）。

采用电感耦合等离子体质谱法（ICP-MS）测定猕猴桃果品中的镉、铬、铅、汞和砷元素。

（一）原理

试样经消解后，由电感耦合等离子体质谱仪测定，以元素特定质量数（质荷比，m/z）定性，采用外标法，以待测元素质谱信号和内标元素质谱信号的强度比与待测元素的浓度成正比进行定量分析。

（二）材料与试剂

1. 材料

猕猴桃果品等高含水量样品必要时洗净，晾干，取可食部分匀浆均匀。

2. 试剂

（1）除非另有说明，本方法所用试剂均为优级纯，水为《分析实验室用水规格和试验方法》（GB/T 6682）规定的一级水。

硝酸（HNO_3）：优级纯。

氩气（Ar）：氩气（≥ 99.995%）或液氩。

氦气（He）：氦气（≥ 99.995%）。

金元素（Au）溶液（1 000mg/L）。

（2）试剂配制。

硝酸溶液（5+95）：取 50mL 硝酸，缓慢加入 950mL 水中，混匀。

汞标准稳定剂：取 2mL 金元素（Au）溶液，用硝酸溶液（5+95）稀释至 1 000mL，用于汞标准溶液的配制。

储备液（1 000mg/L 或 100mg/L）：镉、铬、铅、汞和砷，采用经国家认证并授予标准物质证书的单元素或多元素标准储备液。

（3）标准溶液配制。

混合标准工作溶液：吸取适量单元素标准贮备液或多元素混合标准贮备液，用硝酸溶液（5+95）逐级稀释配成混合标准工作溶液。

汞标准工作液：取适量汞储备液，用汞标准稳定剂逐级稀释配成标准工作溶液系列。

内标使用液：取适量内标单元素标准储备液或内标多元素标准储备液，用硝酸溶液（5+95）配成合适浓度的内标使用液。由于不同仪器采用的蠕动泵管内径有所不同，需考虑样液混合后的内标元素参考浓度范围为 25 ～ 100μg/L，低质量数元素可以适当提高使用浓度。

ICP-MS 方法中元素标准溶液系列质量浓度参见表 4-10。

表 4-10　ICP-MS 方法中元素的标准溶液系列质量浓度

序号	元素	单位	标准系列质量浓度					
			系列 1	系列 2	系列 3	系列 4	系列 5	系列 6
1	Cd	μg/L	0	1.00	5.00	10.0	30.0	50.0
2	Cr	μg/L	0	1.00	5.00	10.0	30.0	50.0
3	Pb	μg/L	0	1.00	5.00	10.0	30.0	50.0
4	Hg	μg/L	0	0.100	0.500	1.00	1.50	2.00
5	As	μg/L	0	1.00	5.00	10.0	30.0	50.0

注：汞标准稳定剂亦可采用 2g/L 半胱氨酸盐酸盐 + 硝酸（5+95）混合溶液，或其他等效稳定剂。

（三）操作步骤

将混合标准溶液注入电感耦合等离子体质谱仪中，测定待测元素和内标元素的信号响应值，以待测元素的浓度为横坐标，待测元素与所选内标元素响应信号值的比值为纵坐标，绘制标准曲线。

选取微波消解法进行试样消解。称取固体样品 0.2 ~ 0.5g（精确至 0.001g），含水分较多的样品可适当增加取样量至 1g，放置于微波消解罐中。含乙醇或二氧化碳的样品先在电热板上低温加热去除乙醇或二氧化碳。加入 5 ~ 10mL 硝酸，加盖放置 1h 或过夜，旋紧罐盖，按照微波消解仪标准操作步骤进行消解。冷却后取出，缓慢打开罐盖排气，用少量水冲洗内盖，将消解罐放在控温电热板上或超声水浴箱中，于 100℃加热 30min 或超声脱气 2 ~ 5min，用水定容至 25mL 或 50mL，混匀备用，同时做空白试验。将空白溶液和试样溶液分别注入电感耦合等离子体质谱仪中，测定待测元素和内标元素的信号响应值，根据标准曲线得到消解液中待测元素的浓度。

（四）结果计算

试样中低含量待测元素的含量按式（4-9）计算。

$$X = \frac{(\rho - \rho_0) \times V \times f}{m \times 1\,000} \qquad (4\text{-}9)$$

式中，X 为试样中待测元素含量（mg/kg 或 mg/L）；ρ 为试样溶液中被测元素质量浓度（μg/L）；ρ_0 为试样空白液中被测元素质量浓度（μg/L）；V 为试样消化液定容体积（mL）；f 为试样稀释倍数；m 为试样称取质量或移取体积（g 或 mL）；1 000 为换算系数。

计算结果保留 3 位有效数字。

试样中高含量待测元素的含量按式（4-10）计算：

$$X = \frac{(\rho - \rho_0) \times V \times f}{m} \qquad (4\text{-}10)$$

式中，X 为试样中待测元素含量（mg/kg 或 mg/L）；ρ 为试样溶液中被测元素质量浓度（mg/L）；ρ_0 为试样空白液中被测元素质量浓度（mg/L）；V 为试样消化液定容体积（mL）；f 为试样稀释倍数；m 为试样称取质量或移取体积（g 或 mL）。

第五章　猕猴桃"两品一标"

第一节　"两品一标"简介

从 19 世纪初期开始，人们就有了自然食品、营养食品、绿色食品的概念，中国"绿色食品"的概念是从 1989 年农业部提出的安全营养食品演变而来，1990 年 5 月 15 日，由农业部召开的农垦系统"绿色食品"工作会议上正式宣布开始发展绿色食品，何为绿色食品？简言之，就是无公害、营养丰富又卫生的食品。中国绿色食品发展中心成立于 1992 年，是负责绿色食品标志许可、有机农产品认证及农产品地理标志培育的专门机构，承担绿色食品、有机食品标志授权管理和产品质量跟踪检查，开展绿色食品、有机农产品和地理标志农产品生产基地创建、技术推广和宣传培训，承办农产品品牌培育、市场发展和展示推介，协调指导名优农产品品牌培育、认定和推广等工作。绿色食品、有机食品和农产品地理标志简称"两品一标"。

一、绿色食品简介

绿色食品是指产自优良环境，按照规定的技术规范生产，实行全程质量控制，产品安全、优质，并使用专用标志的食用农产品及加工品。

农业农村部中国绿色食品发展中心负责绿色食品认证、授权工作，省级绿色食品办公室负责本区域内绿色食品认证申请的受理和初审工作。绿色食品有两个等级，即 A 级绿色食品和 AA 级绿色食品，其中 A 级和 AA 级的区别主要是对生产标准和生产过程使用投入品的要求不同。其中，A 级绿色食品是指产地环境质量符合《绿色食品产地环境质量》（NY/T 391—2021）的要求，遵照绿色食品生产标准生产，生产过程中遵循自然规律和生态学原理，协调种植业和养殖业的平衡，限量使用限定的化学合成生产资料，产品质量符合绿色食品产品标准，经专门机构许可使用绿色食品标志的产品。而 AA 级绿色食品是指产地环境质量符合《绿色食品 产地环境质量》（NY/T 391—2021）的要求，遵照绿色食品生产标准生产，生产过程中遵循自然规律和生态学原理，协调种植业和养殖业的平衡，不使用化学合成的肥料、农药、兽药、渔药、添加剂等物质，产品质量符合绿色食品产品标准，经专门机构许可使用绿色食品标志的产品。

绿色食品分初次申报和续展申报两种类型，初次申报是指符合绿色食品相关要求的申请人向所在地省级绿色食品工作机构提出使用绿色食品标志的申请，通过省级绿色食品工作机构、定点环境监测机构、定点产品监测机构、中国绿色食品发展中心的文审、现场检查、环境监测、产品检测、标志许可审查、专家评审、颁证完成申报工作。

续展申报是指绿色食品企业在绿色食品标志使用许可期满前，按规定时限和要求完成申请、标志许可审查和颁证工作，并被许可继续在其产品上使用绿色食品标志。续展申报需在证书到期前 3 个月申请，省级工作机构收到规定的申请材料后，应当在 40 个工作日内完成材料审查、现场检查和续展初审。初审合格的，应当在证书有效期满 25 个工作日前将续展申请材料报送中国绿色食品发展中心，同时完成网上报送。逾期未能报送的，不予续展。只能按初次申报重新申请。

绿色食品认证有效期3年，初次申报需要收取认证审核费，认证审核费不含检测费和标志使用费。绿色食品认证审核费收费标准具体为：每个产品6 400元，同类的（57小类）系列初级产品，超过两个的部分，每个产品800元；主要原料相同和工艺相近的系列加工产品，超过两个的部分，每个产品1 600元；其他系列产品，超过两个的部分，每个产品2 400元。

举个例子：比如要对鲜果类（猕猴桃、桃、葡萄）进行绿色食品认证，认证费共计13 600元（6 400+6 400+800=13 600）。如果需要认证鲜果类猕猴桃（红阳、翠玉、徐香），认证费共计13 600元（6 400+6 400+800=13 600）。加工产品比如茶叶类（绿茶、红茶、黑茶）进行绿色食品认证，认证费共计14 400元（6 400+6 400+1 600=14 400）。

除了认证费以外，绿色食品标志使用费是按年度缴纳，鲜果类第一个产品800元/年，第二个产品800元/年，第三个产品240元/年。绿色食品标志使用费具体见表5-1。

表5-1　绿色食品标志使用费方案（部分）

类别编号	产品类别	非系列产品（万元）	系列产品（万元）
一	初级产品		
（一）	农林产品		
15	蔬菜	0.08	0.008
18	鲜果类	0.08	0.024
19	干果类	0.08	0.024
21	食用菌及山野菜	0.08	0.024
23	其他食用农林产品	0.08	0.024
二	初加工产品		
（一）	农林加工产品		

（续表）

类别编号	产品类别	非系列产品（万元）	系列产品（万元）
16	冷冻、保鲜蔬菜	0.144	0.048
17	蔬菜加工品（初加工）	0.144	0.048
20	果品加工类（初加工）	0.144	0.048
22	食用菌及山野菜加工品	0.144	0.048
24	其他农林加工食品（初加工）	0.144	0.048
（四）	饮料类产品		
44	精制茶	0.12	0.04
三	深加工产品		
（一）	农林加工产品		
17	蔬菜加工品（深加工）	0.2	0.064
20	果品加工品（深加工）	0.2	0.064
24	其他农林加工食品（深加工）	0.224	0.064
（四）	饮料类产品		
40	果蔬汁及其饮料	0.24	0.08
41	固体饮料	0.24	0.08
42	其他饮料	0.24	0.08
43	冷冻饮料	0.24	0.08
45	其他茶	0.24	0.08
（五）	其他产品		
51	糕点	0.2	0.064
52	糖果	0.2	0.064
53	果脯蜜饯	0.2	0.064
56	调味品类	0.2	0.064
57	食品添加剂	0.2	0.064
四	酒类产品		

（续表）

类别编号	产品类别	非系列产品（万元）	系列产品（万元）
48	葡萄酒	0.6	0.2
49	其他酒类	0.6	0.2

为加强对绿色食品申请人的管理，规范绿色食品标志许可审查工作，根据《绿色食品标志许可审查程序》的规定，绿色食品申请人应具备以下资质。

（1）能够独立承担民事责任。如企业法人、农民专业合作社、个人独资企业、合伙企业、家庭农场等，国有农场、国有林场和兵团团场等生产单位。

（2）具有稳定的生产基地。

（3）具有绿色食品生产的环境条件和生产技术。

（4）具有完善的质量管理体系，并至少稳定运行一年。

（5）具有与生产规模相适应的生产技术人员和质量控制人员。

（6）申请前三年内无质量安全事故和不良诚信记录。

（7）与绿色食品工作机构或检测机构不存在利益关系。

绿色食品认证标志使用：为了与一般的普通食品相区别，绿色食品实行标志管理。绿色食品标志由特定的图形来表示。如图 5-1，绿色食品标志图形由 3 部分构成，上方的太阳、下方的叶片和中心的蓓蕾。标志图形为正圆形，意为保护、安全。整个图形描绘了一幅明媚阳光照耀下的和谐生机景象，告诉人们绿色食品是出自纯净、良好生态环境的安全、无污染食品，能给人们带来蓬勃的生命力。绿色食品标志还提醒人们要保护环境和防止污染，通过改善人与环境的关系，创造自然界新的和谐。

绿色食品 GreenFood

图 5-1 绿色食品商标形式

　　绿色食品标志商标作为特定的产品质量证明商标，1996 年已由中国绿色食品发展中心在国家工商行政管理局注册，从而使绿色食品标志商标专用权受《中华人民共和国商标法》保护，这样既有利于约束和规范企业的经济行为，又有利于保护广大消费者的利益。目前，绿色食品商标已在国家知识产权局商标局注册的有 10 种形式（图 5-1）。

　　绿色食品标志图形及绿色食品中、英文组合著作权于 2019 年 4 月 17 日在国家版权局登记保护成功，有效期为 50 年。绿色食品产品涵盖农林、畜禽、水产、饮品和其他产品五大类共 57 个小类，覆盖农产品及加工食品 1 000 多个品种。

　　标志使用管理和监察：绿色食品实施商标使用许可制度，使用有效期为 3 年。在有效使用期内，绿色食品管理机构每年对用标企业实施年检，组织绿色食品产品质量定点检测机构对产品质量进行抽检，并进行综合考核评定，合格者继续许可使用绿色食品标志，不合格者限期整改或取消绿色食品标志使用权。 标志监察主要有市场监察、产品公告和社会监督。市场监察就是加强对用标产品的监督检查，配合工商和技术监督等部门清理、整顿和规范绿色食品市场，打击假冒绿色食品，纠正企业不规范用标行为，维护绿色食品生产经营者和消费者合法权益。 产品公告是指定期在指定的国家级新闻媒体和官方网站上公告新认证的和被取消的绿色食品产品。 社会监督主要是指绿色食品管理机构和企业自觉接受新闻媒体和社会各界的监督，做到公正、公平、公开。

绿色食品都是由中国绿色食品发展中心统一编号，编号形式为：GFXXXXXXXXXXXX（图5-2）。"GF"是绿色食品企业信息标志代码，后面的6位数代表地区代码，按行政区划编制到县级；中间两位数是获证年份，最后四位数是企业序号。自2009年8月1日起实施企业信息码编号制度，此后，所有获证产品包装上统一使用企业信息码。

企业信息码含义：

GF	XXXXXX	XX	XXXX
绿色食品英文 green food缩写	地区代码	获证年份	企业序号

图5-2　绿色食品企业信息码样式

绿色食品生产必须遵守产地环境质量标准、产品质量标准、生产技术标准、包装贮藏和运输标准。绿色食品标准强调无污染、体现安全、体现优质、实施全程质量控制。强调无污染是指绿色食品遵循可持续发展的原则，生产过程中限量使用限定的化学合成投入品，强调对环境不产生污染。体现安全是指绿色食品标准中部分卫生指标严于国家标准或发达国家标准；绿色食品禁止高温油炸食品、纯净水和叶菜类酱腌菜等产品的申报。体现优质是指大部分产品标准"质量或品质"要求达到相应国家标准或行业标准的"一级、一等或优级"以上要求。实施全程质量安全控制是指绿色食品实施"从土地到餐桌"全程质量控制。在绿色食品生产、加工、包装、贮运过程中，通过标准化生产，科学合理地使用农药、肥料、兽药、添加剂等投入品和生产工艺，严格监控、防范有毒和有害物质对农产品生产及食品加工各个环节的污染，确保环境和产品安全。

二、有机食品简介

有机食品是指按照国家有机产品标准（GB/T 19630—2019）要求生产、加工、销售的供人类消费、动物食用的产品。有机食品在生产过程中不采用基因工程技术获得的生物及其产物，不使用化学合成的农药、化肥、生长调节剂、饲料和饲料添加剂等物质，而是遵循自然规律和生态学原理，协调种植业和养殖业的平衡，采用一系列可持续发展的农业技术，维持持续稳定的农业生产过程。有机食品通常来自有机农业生产体系，根据国际有机农业生产要求和相应的标准生产加工的。

有机食品认证，根据 2014 年 1 月 1 日开始执行的《有机产品认证管理办法》，有机食品认证有效期为 1 年。需要收取有机食品认证费用，有机食品认证费用一般指有机食品认证机构收取的认证费用，通常不含产品抽样检测费及有机食品认证代理服务费，有机产品初次认证基础价格要求（国家收费标准）见表 5-2。

表5-2　有机产品认证费方案

第一部分：单一产品种类认证

产品种类	认证类型及基本价格		影响认证费的因素
	农场认证费（万元）	加工认证费（万元）1)	
作物类　谷物、豆类和其他油料作物、纺织用植物、制糖植物	1.5	1.0	面积以2 000亩为基础，每增2 000亩，增加认证费3 000元；每增加一种产品，增加认证费3 000元
蔬菜2)（非设施栽培）	1.5	0.8	面积以200亩为基础，每增加200亩，增加认证费3 000元；每增加一小类产品，增加认证费3 000元
蔬菜（设施栽培）	1.5	0.8	面积以100亩为基础，每增加100亩，增加认证费3 000元；每增加一小类产品，增加认证费3 000元
蔬菜（同时具有设施栽培和非设施栽培）	1.8	0.8	按设施栽培起点面积起算，非设施栽培部分按规模因素增加认证费用
食用菌	1.5	0.8	以10万菌棒为基础，规模每增加5万菌棒，增加认证费3 000元；露地栽培类的，参考设施或非设施栽培蔬菜，每增加一种产品，增加认证费3 000元

（续表）

第一部分：单一产品种类认证

产品种类		认证类型及基本价格		影响认证费的因素
		农场认证费（万元）	加工认证费（万元）	
	水果和坚果（非设施栽培）	1.5	0.8	面积以 1 000 亩为基础，每增加 1 000 亩，增加认证费 3 000 元；每增加一种产品，增加认证费 3 000 元
	水果（设施栽培）	1.5	0.8	面积以 300 亩为基础，每增加 300 亩，增加认证费 3 000 元；每增加一种产品，增加认证费 3 000 元
	水果（同时具有设施栽培和非设施栽培）	1.8	0.8	按设施栽培起点面积核算，非设施栽培部分按规模因素增加认证费用
作物类	茶叶I等饮料作物	1.0	0.8	面积以 300 亩为基础，每增加 300 亩，增加认证费 3 000 元
	花卉、香辛料作物产品、调香的植物	1.5	1.0	面积以 2 000 亩为基础，每增加 2 000 亩，增加认证费 3 000 元；每增加一种产品，增加认证费 3 000 元
	青饲料植物	1.5	1.0	面积以 5 000 亩为基础，每增加 5 000 亩，增加认证费 3 000 元；每增加一种产品，增加认证费 3 000 元
	植物类中药	1.5	1.0	面积以 1 000 亩为基础，每增加 1 000 亩，增加认证费 3 000 元；每增加一种产品，增加认证费 3 000 元

（续表）

第一部分：单一产品种类认证

产品种类		认证类型及基本价格		影响认证费的因素
		农场认证费（万元）	加工认证费（万元）	
作物类	野生采集	1.5	1.0	面积以5 000亩为基础，每增加5 000亩，增加认证费3 000元；每增加一种产品，增加认证费3 000元
	种子与繁殖材料	1.5	1.0	面积以2 000亩为基础，每增加2 000亩，增加认证费3 000元；每增加一种产品，增加认证费3 000元

注释：

1）此处加工认证是指针对非外购原料加工的认证，以下同

2）蔬菜按薯芋类、豆类、瓜类、白菜类、绿叶蔬菜、甘蓝类、芥菜类、根茎类、葱蒜类、多年生蔬菜、水生蔬菜、芽苗类13类作为产品小类（与《有机产品认证目录》相同）

第二部分：多产品种类认证

产品种类	认证类型及基本价格（万元）		影响认证费的因素
	农场认证费（万元）	加工认证费（万元）	
综合1：多产品种类认证或动物生产认证 多种类别作物或动物生产认证	第一种作物或第一种动物认证费[3] + 其他作物认证费总和×50%	第一种作物或第一种动物工认证费 + 其他作物认证费总和×50%	相应的认证费用及其影响因素参照相应作物类和养殖类标准计算

（续表）

第二部分：多产品种类认证

产品种类	认证类型及基本价格		影响认证费的因素
	农场认证费（万元）	加工认证费（万元） 养殖工厂认证费＋作物工厂认证费×50%	
综合2：作物种植和动物养殖混合生产认证	养殖认证费＋作物认证费×50%		相应的认证费用及其影响因素参照作物类和养殖类标准计算

注：3）以计算出认证费用最高者作为第一种作物或动物

第三部分：外购有机原料进行加工的有机加工认证

加工认证（100% 外购有机原料）			
加工认证（既有自有原料，又有外购原料且外购原料占50%以上）			视加工产品的种类及其规模、食品安全风险程度、工艺的复杂程度等因素而定，认证费用 2.0万～8.0万元

说明：

（1）应实施规则要求，需增加现场检查频次的项目，每增加一次现场检查，增加认证费 0.3 万元；

（2）对于小农户认证，当农户数多于 20 户时，每增加 100 户，增加认证费 0.3 万元；

（3）对于分场所，视距离和复杂程度等因素每增加一分场所增加收费 0.3 万～1 万元；

（4）其他未列明的产品收费，视具体情况比照列表中相近正式产品形式的产品收费；

（5）再认证收费不低于初次认证认证费的 75%；

（6）再认证时遇增加产品、扩大规模等情况，按"影响认证费的因素"增加收费。

有机食品申请者范围：生产基地在近3年内未使用过农药、化肥等禁用物质；种子或种苗未经基因工程技术改造过；生产基地应建立长期的土地培肥、植物保护、作物轮作和畜禽养殖计划；生产基地无水土流失、风蚀及其他环境问题；作物在收获、清洁、干燥、贮存和运输过程中应避免污染；在生产和流通过程中，必须有完善的质量控制和跟踪审查体系，并有完整的生产和销售记录档案。

有机认证标志：有机认证标志在不同国家和不同认证机构是不同的。2001年国际有机农业运动联合会（IFOAM）的成员拥有有机食品标志380多个，根据2001年国家环保总局作出的《有机食品认证管理办法》规定，我国的有机食品必须符合国家食品卫生标准和有机食品技术规范要求，在原料生产和产品加工过程中不使用农药、化肥、生长激素、化学添加剂、化学色素和防腐剂等化学物质，不使用基因工程技术。凡通过了国家有机食品认证机构认证的农产品及其加工产品才是有机食品。在我国从事有机验证的机构必须获得国家认证认可监督管理委员会的批准。有机食品主要国内外颁证机构有：中国的南京国环有机产品认证中心（OFDC）、美国的美国国际有机作物改良协会（OCIA）、欧盟的法国国际生态认证中心（ECOCERT）、德国的BCS认证中心、荷兰的有机食品监管委员会（SKAL)、法国的国际有机农业联盟（IFOAM）等。因此有机认证标志也是多种多样（图5-3）。

以中绿华夏有机食品认证标志为例，有机食品标志，采用国际通行的圆形构图，以手掌和叶片为创意元素，包含两种景象，一是一只手向上持着一片绿叶，寓意人类对自然和生命的渴望；二是两只手一上一下握在一起，将绿叶拟人化为自然的手，寓意人类的生存离不开大自然的呵护，人与自然需要和谐美好的生存关系。图形外围绿色圆环上标明中英文"有机食品"。"有机食品"概念，是这种理念的实际体现。人类的食物从自然中获取，人类的活动应尊重自然规律，这样才能创造一个良好的可持续发展空间。

图5-3 部分国家有机认证标志

使用中绿华夏有机食品认证中心（COFCC）标志请参照中心编制的《有机认证标志使用规范手册》规定的方法用于产品包装，必须同时附有认证产品编号及"经中绿华夏有机食品认证中心许可使用"字样。

有机转化食品，根据我国有机产品国家标准规定，只有通过认证的食品方可被称为有机食品，普通食品生产基地向有机食品生产基地过渡需要经过一定的转化期，转化期内停止使用化肥、农药等物资，开始有机管理，进行土壤生物性培肥，并逐步建立有机生产体系。在转化期内生产出来的食品不能称为有机食品，只能被称为有机转化食品，生产基地经过转化期并且有机生产基地经检查合格之后，方可进行有机食品的生产。因此对于有机食品和有机转化食品的认证和监管标准是不同的，两者也有着严格区分，处于有机转化期的食品绝对不可以使用有机食品的标志。

有机食品保持认证，有机食品的认证有效期为一年，如需继续使用，在新的年度里，COFCC 会向获证企业发出《保持认证通知》。获证企业在收到《保持认证通知》后，应按照要求提交认证材料、与联系人沟通确定实地检查时间并及时缴纳相关费用。保持认证的文件审核、实地检查、综合评审以及颁证决定的程序同初次认证。

我们可能还听过有机农业、有机产品等概念，为避免概念混淆，下面对其有机农业、有机产品进行介绍。

有机农业，根据国际食品标准《食品法典》规定，有机农业是一种全面的生产管理系统，它力图促进和加强农业生态系统的健康，此系统的健康主要包括生物多样性、生物循环和土壤生物活性；它强调采用适合当地条件的管理方法，而不采用农场以外的投入；为实现这一目标，在可能的情况下，使用农艺、生物和机械方法，而不是采用合成材料，以实现系统内的任何特定功能。有机农业源于 1960 年的一项与石油运动相对立的农业生产方式的国际运动，其主要目的是替代传统的农业模式，有机农业是一种生态农业生产方式，在农业生产过程中不得使用各种对环境和人体有害的合成化工品，如农药、化肥、添加剂、生长调节剂等，有机农业的目标是通过协调人类与自然关系实现可持续发展，并且通过挖掘系统中的内部资源提高农业生产效率，减轻环境污染。我国发布的国家标准《有机产品》（GB/T 19630.1 ～ 19630.4—2005）对"有机农业"的定义是，按照一定的有机农业生产标准，生产中不使用通过基因工程获得的生物及其产品，不使用化学合成农药、化肥、生长调节剂、饲料添加剂等物质，遵循自然规律和生态学原理，协调种植和养殖之间的平衡。有机农业的核心是建立良好的农业生产体系而有机农业生产体系的建立需要有一个过渡或有机转换的过程。

美国的有机水果主要是有机葡萄、有机苹果和有机柑橘；意大利的有机水果主要是有机柑橘、有机苹果、有机桃、有机葡萄和有机梨；西班牙的有机水果主要是有机柑橘、有机苹果、有机梨、有机杏和有机桃；法国的有机水果主要是有机栗子、有机苹果、有机胡桃、有机杏、有机李子，还有有机樱桃、有机猕猴桃、有机梨、有机柑橘、有机桃、有机油桃、有机草莓等；德国的有机水果主要是有机葡萄和有机仁果类；我国的有机水果主要是有机猕猴桃、有机葡萄、有机柑橘。

有机农业的本质是"尊重自然，顺应自然规律，与自然秩序相和谐"。有机种植业的生产方式主要具备以下特点，一是选用抗性作物品种，利用间套作技术，保持基因和生物多样性，创造有利于天敌繁殖不利于害虫生长的环境。二是禁止使用转基因产物及技术。三是建立包括豆科植物在内的作物轮作体系，利用秸秆还田，施绿肥和动物粪肥等措施培肥土壤，保持养分循环，保持农业的可持续性。四是采取物理的和生物的措施防治病虫草害，将对环境和食品安全的影响降到最低。五是采用合理的耕种措施，保护环境，防止水土流失。

发展有机农业的四大原则，一是健康原则，将土壤、植物、动物、人类和整个地球的健康作为一个不可分割的整体加以维持和加强。二是生态原则，以有生命的生态系统和生态循环为基础，与之合作、与之协调，并帮助其持续发展。三是公平原则，建立起能确保公平享受公共环境和生存机遇的各种关系。四是关爱原则，以负责人的态度来管理有机农业，以保护当前人类和子孙后代的健康和福利，同时保护环境。

有机产品，按照《OFDC有机认证标准》的解释，有机产品是指按照有机认证标准生产并获得认证的有机食品和其他各类产品，因此有机产品除了包括有机食品外，目前国际上还把一些派生的产品如有机化妆品、纺织品、林产品或有机食品生产而提供的生产资料，包括生物农药、有机肥料等，经认证后统称有机产品。可见有机食品是包含在有机产品中的，它属于有机产品中的一个类别。

有机产品标志的含义：有机产品标志中间类似种子的图形标志生命萌发之际的勃勃生机，象征了有机产品是从种子开始的全过程认证，种子周围环形与种子图形合并构成汉字"中"，体现出有机产品根植中国，同时处于平面的环形又是英文字母"C"的变体，种子形状也是"O"的变形，意为"China Organic"。外环的圆形代表地球，象征和谐、安全，图形中的"中国有机产品"采用中英文结合方式，既表示中国有机产品与世界同行，也有利于国内外消费者识别。

有机产品标志使用规范：中国有机产品认证标志应当在认证证书限定的产品类别、范围和数量内使用。认证机构应当按照国家认证认可监督管理委员会统一的编号规则，对每枚认证标志进行唯一编号（以下简称有机码），并采取有效防伪、追溯技术，确保发放的每枚认证标志能够溯源到其对应的认证证书和获证产品及其生产、加工单位。有机码主要有 3 个部分组成，认证机构、认证标志发放年份和认证标志发放随机码，格式见图 5-4。

图 5-4　有机产品有机码样式

有机产品可以通过有机码，登录中国食品农产品认证信息系统查询辨别真假。获证产品的认证委托人应当在获证产品或者产品的最小销售包装上，加施中国有机产品认证标志、有机码和认证机构名称。获证产品标签、说明书及广告宣传等材料上可以印制中国有机产品认证标志，并可以按照比例放大或者缩小，但不得变形、变色。有机转换产品须在证书编号后添加"转换期"字样（图5-5）。处于转换期的产品，包装上不得直接冠以"有机××"（××为产品一般名称）的名称。中国有机认证标准的特色是"有机码"，国家认证认可监督管理委员会颁布的《有机产品认证管理办法》是保障有机认证标准实施的有力武器。这个条例被称为世界上最严格的标准之一，是中国有机产品进入国际市场的基础，也是中国消费者对市场中有机产品进行有效维权的基础。

图5-5 有机产品和有机转换产品的图标

三、农产品地理标志简介

我国地理标志采取的是地理标志保护产品，地理标志集体商标、证明商标和农产品地理标志3种保护模式。我国颁布《地理标志产品保护规定》《中华人民共和国商标法》《农产品地理标志管理办法》等法律法规对地理标志进行管理。农产品地理标志是地理标志的一种，是指农产品来源于特定地域，产品品质和相关特征主要取决于自然生态环境和历史人文因素，并以地域名称冠名的特有农产品标志。所称农产品是指来源于农业的初级产品，即在农业活动中获得的植物、动物、微生物及其产品。

目前，我国可以进行产品地理标志申请的部门主要有国家工商总局、国家质检总局和农业农村部3个。农产品地理标志的登记保护工作主要由农业农村部负责。农业农村部中国绿色食品发展中心负责农产品地理标志登记审查、专家评审和对外公示工作。省级人民政府农业农村行政主管部门负责本行政区域内农产品地理标志登记保护申请的受理和初审工作。农业农村部设立的农产品地理标志登记专家评审委员会负责专家评审。

农产品地理标志登记不收取费用。县级以上人民政府农业行政主管部门应当将农产品地理标志管理经费编入本部门年度预算。农产品地理标志登记证书长期有效。

农产品地理标志的申请人应为农民专业合作社经济组织、行业协会等具有公共管理服务性质的组织，包括社团法人、事业法人等。政府及其组成部门、企业（农民专业合作社）和个人不应作为申请人。申请人应符合以下条件。

（1）具有监督、管理农产品地理标志及其产品的能力。

（2）具有为地理标志农产品生产、加工、营销提供指导服务的能力。

（3）具有独立承担民事责任的能力。

根据《农产品地理标志管理办法》规定，申请地理标志登记的农产品，应当符合下列条件。

（1）称谓由地理区域名称和农产品通用名称构成。

（2）产品有独特的品质特性或者特定的生产方式。

（3）产品品质和特色主要取决于独特的自然生态环境和人文历史因素。

（4）产品有限定的生产区域范围。

（5）产地环境、产品质量符合国家强制性技术规范要求。

农产品地理标志登记范围是来源于农业的初级产品，即在农

业活动中获得的植物、动物、微生物及
其产品，主要包括蔬菜、果品、粮食、
食用菌、油料、糖料、茶及饮料植物、
香料、药材、花卉、烟草、棉麻桑蚕、
畜禽产品、水产品等。

图5-6 农产品地理标志

农产品地理标志公共标志图案由中
华人民共和国农业农村部中英文字样、
农产品地理标志中英文字样、麦穗、地球、日月等元素构成（图
5-6）。公共标志的核心元素为麦穗、地球、日月相互辉映，体现
了农业、自然、国际化的内涵。标志的颜色由绿色和橙色组成，
绿色象征农业和环保，橙色寓意丰收和成熟。

农产品地理标志是在长期农业生产和百姓生活中形成的地方
优良物质文化财富，建立农产品地理标志登记制度，对优秀、特
色的农产品进行地理标志保护，是合理利用与保护农业资源、农
耕文化的现实要求，有利于培育地方主导产业，形成有利于知识
产权保护的地方特色农产品品牌。

农产品地理标志是一种带有地域公共属性的知识产权，经
营管理农产品地理标志的组织或机构必须最大限度地代表该地区
符合质量控制技术规范的生产者。农产品地理标志具有4个独
特性。

（1）独特的自然生态环境。指影响登记产品品质特色形成
和保持的独特产地环境因子，如独特的光照、温湿度、降水、水
质、地形地貌、土质等。

（2）独特的生产方式。农产品地理标志，除具有特定的品
种、特定的地理环境外，特定的生产方式同样起着重要的作用。
特定的生产方式包括产前、产中、产后、贮运、包装、销售等环
节，如产地要求、品种范围、生产控制、产后处理等相关特殊性
要求。

（3）独特的产品品质。在特定的品种和生产方式基础上，各个地区又在得天独厚的自然生态环境条件下，培育出各地的名特产品。这些名特产品都以其优良品质，丰富的营养和特殊风味而著称。

（4）独特的人文历史。人文历史因素包括产品形成的历史、人文推动因素、独特的文化底蕴等内容。中国五千年的"食文化"是伟大的中国文化的重要组成部分，特定的人文历史延伸了"食"的本质，使之得以升华。农产品地理标志，既有有形的、可量化的品质标准，也有心理层面、不可言喻的享受，既是物质的，也是精神的，是特定的人文历史、精神文化的物质载体。

第二节 猕猴桃"两品一标"认证关键因子

截至 2020 年 12 月 25 日，湖南省拥有绿色食品认证 2 880 个，有机食品认证 253 个，农产品地理标志认证 116 个。湖南省绿色食品办公室是湖南省"两品一标"认证机构，省内相关资质企业均可在此申请"两品一标"认证，消费者也可以通过湖南绿色食品网进行"两品一标"认证查询验证（http：//www.food.cnhnb.com/information_service）。

一、绿色食品认证关键因子

（一）绿色食品认证类别

按照绿色食品产品适用标准（2019 版），猕猴桃属于绿色食品温带水果，适用标准为行业标准（NY/T 844—2017），具体内容如表 5-3 所示。

表 5-3 绿色食品认证范围（部分）

标准名称	适用产品名称	适用产品别名及说明
《绿色食品 温带水果》（NY/T 844-2017）	苹果	
	梨	
	桃	
	草莓	
	山楂	
	奈子	俗称沙果，别名文林果、花红果、林擒、五色来、联珠果
	蓝莓	别名笃斯、都柿、甸果等
	无花果	映日果、奶浆果、蜜果等
	树莓	覆盆子、悬钩子、野莓、乌蔗（biāo）子
	桑葚	桑果、桑枣
	猕猴桃	
	葡萄	
	樱桃	
	枣	
	杏	
	李	
《绿色食品 温带水果》（NY/T 844-2017）	柿	
	石榴	
	梅	别名青梅、梅子、酸梅
	醋栗	穗醋栗、灯笼果

（二）猕猴桃绿色食品生产和贮藏性病虫害防控建议清单

根据中华人民共和国农业行业标准《绿色食品 农药使用准则》（NY/T 393—2020）办法规定，绿色食品 A 级和 AA 级均可以使用的农药种类如表 5-4 所示。

表 5-4　A 级和 AA 级绿色食品均允许使用的农药清单

类别	物质名称	备注
I. 植物和动物来源	楝素（苦楝、印楝等提取物，如印楝素等）	杀虫
	天然除虫菊素（除虫菊科植物提取液）	杀虫
	苦参碱及氧化苦参碱（苦参等提取物）	杀虫
	蛇床子素（蛇床子提取物）	杀虫、杀菌
	小檗碱（黄连、黄柏等提取物）	杀菌
	大黄素甲醚（大黄、虎杖等提取物）	杀菌
	乙蒜素（大蒜提取物）	杀菌
	苦皮藤素（苦皮藤提取物）	杀虫
	藜芦碱（百合科藜芦属和喷嚏草属植物提取物）	杀虫
	桉油精（桉树叶提取物）	杀虫
	植物油（如薄荷油、松树油、香菜油、八角茴香油等）	杀虫、杀螨、杀真菌、抑制发芽
	寡聚糖（甲壳素）	杀菌、植物生长调节
	天然诱集和杀线虫剂（如万寿菊、孔雀草、芥子油等）	杀线虫
	具有诱杀作用的植物（如香根草等）	杀虫
	植物醋（如食醋、木醋、竹醋等）	杀菌
	菇类蛋白多糖（菇类提取物）	杀菌
	水解蛋白质	引诱

（续表）

类别	物质名称	备注
Ⅰ.植物和动物来源	蜂蜡	保护嫁接和修剪伤口
	明胶	杀虫
	具有驱避作用的植物提取物（大蒜、薄荷、辣椒、花椒、薰衣草、柴胡、艾草、辣根等的提取物）	驱避
	害虫天敌（如寄生蜂、瓢虫、草蛉、捕食螨等）	控制虫害
Ⅱ.微生物来源	真菌及真菌提取物（白僵菌、轮枝菌、木霉菌、耳霉菌、淡紫拟青霉、金龟子绿僵菌、寡雄腐霉菌等）	杀虫、杀菌、杀线虫
	细菌及细菌提取物（芽孢杆菌类、荧光假单胞杆菌、短稳杆菌等）	杀虫、杀菌
	病毒及病毒提取物（核型多角体病毒、质型多角体病毒、颗粒体病毒等）	杀虫
	多杀霉素、乙基多杀菌素	杀虫
	春雷霉素、多抗霉素、井冈霉素、嘧啶核苷类抗生素、宁南霉素、申嗪霉素、中生菌素	杀菌
	S-诱抗素	植物生长调节
Ⅲ.生物化学产物	氨基寡糖素、低聚糖素、香菇多糖	杀菌、植物诱抗
	几丁聚糖	杀菌、植物诱抗、植物生长调节
	苄氨基嘌呤、超敏蛋白、赤霉酸、烯腺嘌呤、羟烯腺嘌呤、三十烷醇、乙烯利、吲哚丁酸、吲哚乙酸、芸薹素内酯	植物生长调节

（续表）

类别	物质名称	备注
Ⅳ.矿物来源	石硫合剂	杀菌、杀虫、杀螨
	铜盐（如波尔多液、氢氧化铜等）	杀菌，每年铜使用量不能超过 $6kg/hm^2$
	氢氧化钙（石灰水）	杀菌、杀虫
	硫黄	杀菌、杀螨、驱避
	高锰酸钾	杀菌，仅用于果树和种子处理
	碳酸氢钾	杀菌
	矿物油	杀虫、杀螨、杀菌
	氯化钙	用于治疗缺钙带来的抗性减弱
	硅藻土	杀虫
	黏土（如斑脱土、珍珠岩、蛭石、沸石等）	杀虫
	硅酸盐（硅酸钠、石英）	驱避
	硫酸铁（3价铁离子）	杀软体动物
Ⅴ.其他	二氧化碳	杀虫，用于贮存设施
	过氧化物类和含氯类消毒剂（如过氧乙酸、二氧化氯、二氯异氰尿酸钠、三氯异氰尿酸等）	杀菌，用于土壤、培养基质、种子和设施消毒
	乙醇	杀菌
	海盐和盐水	杀菌，仅用于种子（如稻谷等）处理
	软皂（钾肥皂）	杀虫
	松脂酸钠	杀虫
	乙烯	催熟等

（续表）

类别	物质名称	备注
Ⅴ.其他	石英砂	杀菌、杀螨、驱避
	昆虫性信息素	引诱或干扰
	磷酸氢二铵	引诱

注：国家新禁用或列入《限制使用农药名录》的农药自动从该清单中删除。

当表 5-4 农药不能满足生产需求时，A 级绿色食品还可以按照农药生产标签或 GB/T 8321 的规定使用下列农药（表 5-5）。

表 5-5　A 级绿色食品生产允许使用的其他农药清单

杀虫杀螨剂			
苯丁锡	氟啶虫酰胺	硫酰氟	噻螨酮
吡丙醚	氟铃脲	螺虫乙酯	噻嗪酮
吡虫啉	高效氯氰菊酯	螺螨酯	杀虫双
吡蚜酮	甲氨基阿维菌素苯甲酸盐	氯虫苯甲酰胺	杀铃脲
虫螨腈	甲氰菊酯	灭蝇胺	虱螨脲
除虫脲	甲氧虫酰肼	灭幼脲	四聚乙醛
啶虫脒	抗蚜威	氰氟虫腙	四螨嗪
氟虫脲	喹螨醚	噻虫啉	辛硫磷
氟啶虫胺腈	联苯肼酯	噻虫嗪	溴氰虫酰胺
乙螨唑	茚虫威	唑螨酯	
杀菌剂			
苯醚甲环唑	氟吡菌胺	精甲霜灵	三乙膦酸铝
吡唑醚菌酯	氟吡菌酰胺	克菌丹	三唑醇
丙环唑	氟啶胺	喹啉铜	三唑酮
代森联	氟环唑	醚菌酯	双炔酰菌胺
代森锰锌	氟菌唑	嘧菌环胺	霜霉威

（续表）

代森锌	氟硅唑	嘧菌酯	霜脲氰
稻瘟灵	氟吗啉	嘧霉胺	威百亩
啶酰菌胺	氟酰胺	棉隆	萎锈灵
啶氧菌酯	氟唑环菌胺	氰霜唑	肟菌酯
多菌灵	腐霉利	氰氨化钙	戊唑醇
噁霉灵	咯菌腈	噻呋酰胺	烯肟菌胺
噁霜灵	甲基立枯磷	噻菌灵	烯酰吗啉
噁唑菌酮	甲基硫菌灵	噻唑锌	异菌脲
粉唑醇	腈苯唑	三环唑	抑霉唑
腈菌唑			

除草剂

2甲4氯	禾草灵	麦草畏	甜菜安
氨氯吡啶酸	环嗪酮	咪唑喹啉酸	甜菜宁
苄嘧磺隆	磺草酮	灭草松	五氟磺草胺
丙草胺	甲草胺	氰氟草酯	烯草酮
丙炔噁草酮	精吡氟禾草灵	炔草酯	烯禾啶
丙炔氟草胺	精喹禾灵	乳氟禾草灵	酰嘧磺隆
草铵膦	精异丙甲草胺	噻吩磺隆	硝磺草酮
二甲戊灵	绿麦隆	双草醚	乙氧氟草醚
二氯吡啶酸	氯氟吡氧乙酸（异辛酸）	双氟磺草胺	异丙隆
氟唑磺隆	氯氟吡氧乙酸异辛酯	唑草酮	

生长调节剂

1-甲基环丙烯	2，4-滴（只允许作为植物生长调节剂使用）	氯吡脲	萘乙酸
矮壮素	烯效唑		

注：国家新禁用或列入《限制使用农药名录》的农药自动从该清单中删除。

绿色食品禁用农药清单（表5-6）。

表5-6 禁用农药清单

禁限用农药	禁用范围	名称	相关依据
禁止（停止）使用的农药（46种）	禁止用于所有作物	六六六、滴滴涕、毒杀芬、二溴氯丙烷、杀虫脒、二溴乙烷、除草醚、艾氏剂、狄氏剂、汞制剂、砷类、铅类、敌枯双、氟乙酰胺、甘氟、甘氟、毒鼠强、氟乙酸钠、毒鼠硅、甲胺磷、对硫磷、甲基对硫磷、久效磷、磷胺、苯线磷、地虫硫磷、甲基硫环磷、磷化钙、磷化镁、磷化锌、硫线磷、蝇毒磷、治螟磷、特丁硫磷、氯磺隆、胺苯磺隆、甲磺隆、福美胂、福美甲胂、三氯杀螨醇、林丹、硫丹、溴甲烷、氟虫胺、杀扑磷、百草枯、2, 4-滴丁酯	农业部公告第194、199、274、322、671、1586、1744、1745、2032、2289、2445、2567号；农业农村部公告第148号；农业部、国家发改委、国家工商总局、国家质检总局第632号；国家发改委2008年第1号；环保部2009年第23号；农业部、工信部、国家质检总局公告第1745号；农业部、工信部、环保部、国家工商总局、国家质总局第1586号
在部分范围禁止使用的农药（15种）	禁止用于蔬菜、瓜果、茶叶、菌类、中草药材；禁止用于防治卫生害虫；禁止用于水生植物的病虫害防治	甲拌磷、甲基异柳磷、克百威、水胺硫磷、氧乐果、灭多威、涕灭威、灭线磷	农业部公告第194、199号
	禁止在蔬菜、瓜果、茶叶、中草药材上使用	内吸磷、硫环磷、氯唑磷、乙酰甲胺磷、丁硫克百威、乐果	农业部公告第194号

（续表）

禁限用农药	禁用范围	名称	相关依据
在部分范围禁止使用的农药（15种）	禁止在所有农作物上使用（玉米等部分旱田种子包衣除外）	氟虫腈	农业部、工信部、环保部公告第 1157 号

绿色食品生产建议使用消毒剂清单（表 5-7）。

表 5-7　猕猴桃绿色生产中建议使用的消毒剂清单

名称	使用条件
醋	设备清洁
醋酸（非合成的）	设备清洁
乙醇	消毒
异丙醇	消毒
过氧化氢（仅限食品级的过氧化氢）	设备清洁
碳酸钠、碳酸氢钠	设备消毒
碳酸钾、碳酸氢钾	设备消毒
漂白剂	包括次氯酸钙、二氧化氯或次氯酸钠，可用于消毒和清洁食品接触面。直接接触植物产品的冲洗水中余氯含量应符合《生活饮用水卫生标准》（GB 5749—2021）的要求。
过乙酸	设备消毒
臭氧	设备消毒
氢氧化钾	设备消毒
氢氧化钠	设备消毒
柠檬酸	设备清洁
肥皂（仅限可生物降解的）	允许用于设备和修剪工具清洁
皂基杀藻剂 / 除雾剂	杀藻、消毒剂和杀菌剂，用于清洁灌溉系统，不含禁用物质
高锰酸钾	设备消毒

（三）猕猴桃绿色食品生产环境条件要求

种植基地周边必须环境优美，无污染（包括空气质量、灌溉水的质量，一般是在高山地带才有这样的环境），并按有机蔬菜种植标准种植（即不施用化学农药和化学肥料）。这样的蔬菜不仅营养价值高，而且具有大自然赋予的灵气。

对于采购的食品也尽量选择通过国际或者国内认证机构认证的有机食品。

企业必须对协作种植、养殖基地和加工企业进行巡察，探寻有机生产基地，从源头上发现问题，以杜绝潜在的安全问题发生。

必须通过可靠的有机食品检验测试中心，对供应商提供的有机食品进行上架前后的多次抽样检测，评估供应商的信用。

有机农业的健康原则贯穿于有机产品的生产、加工、流通和消费等各个领域，以维持和促进生态系统和生物的健康，应当把土壤、植物、动物、人类和整个地球的健康作为一个不可分割的整体而加以维持和加强。有机农业尤其致力于生产高品质、富营养的食物，以服务于人类健康和动物福利保护。健康原则重点体现出有机产品质量的完整性，可以从以下 4 个方面来理解。

1. 健康的生产环境

高质量的有机产品首先来自健康的有机农场，由土层深厚、土质肥沃、微生物和土壤动物丰富、生命力旺盛的健康土壤，生长出健康的植物，构成多样性丰富、景观优美、功能协调的生产环境，花草散发芳香，蜜蜂、蚂蚁、蚯蚓、昆虫大量出现，一个和谐、自然、高效的生产环境是保证有机产品高质量的第一步。如果只是一味地对环境造成破坏，有机完整性将没有立足之地。

2. 适宜的作物品种

有机农场的建设要遵循"因地制宜，因时制宜，因物制宜"原则，首先是选择适合当地的高质量品种。有机农业不仅拒绝转基因作物，以避免带来健康和生态风险，更肩负着保存当地原生种、保护当地遗传基因种子库的使命。

虽然有机农业不拒绝外来高质量种子的进入，但更主张强调生产和消费的本土化，以避免引种不当造成生产"全军覆没"或生物入侵等潜在风险，而这种例子在中国时有发生。因此，以当地种为主，选育适合当地环境、适宜有机种植的优良作物品种也是保证有机生产完整性的重要环节。

3. 严把加工、贮藏、流通质量关

有机产品首先是尽可能地少加工，保持产品营养成分的完整性和全面性，即使要加工，也只能采用生物、物理和机械的方法。当有机和常规产品储存在同一仓库时，容易发生有机产品被常规产品污染的危险。为了避免可能发生的风险最好有专门的有机产品生产线和储藏仓库。

如果不能满足这样的条件，也要做好将有机和常规产品分离和清洗的工作，在流通环节也最好配备有机产品专用运输车辆，如果条件达不到，则在有机产品装车前要彻底清洗，将风险降到最低。

首先，应该对所有生产场所和生产流程的风险进行评估和分析。

其次，制定防止污染的措施，例如与认证机构协商制定生产场所和机器的清洗步骤。

最后，由认证机构进行检查，采样和实验室分析，控制风险，确保有机产品的有机完整性。

4. 有机产品可追溯

有机产品的可追溯性要贯穿到"从田头到餐桌"整个过程，以确保消费者了解自己消费的有机产品是健康的、安全的、可靠的。因此，有机产品必须具备可追溯性，而这也给生产企业提出了更高的要求。

如果一个企业要做到生产的有机产品可追溯，必须精心准备相关文件，以应对认证机构和管理部门的严格审查。认证机构要对生产基地进行检查、认证，查明生产过程是否使用过禁用物质。

对有机转换期的判定，必须要有证据证明停止使用化学合成农用化学品的日期，并提供改良和保持土壤肥力的方法，这是有机农业的一个基本目标。

另外，追溯确认中应该包括生产基地作物的轮作计划，豆科作物和绿肥作物的种植、间作套种，动物粪便和其他有机肥料的使用以及水土保持等内容。

而且，在转换期过程中也必须严格遵守有机生产的所有要求，不能使用任何禁用物质，这是有机生产的重要保障。

同时，国家认证认可监督管理委员会对我国有机产品的追溯性做出了严格的要求。建立了"一品一码"的中国有机产品追溯体系，要求企业销售产品需开具销售证并建立"一品一码"追溯体系，消费者通过查询产品的"有机码"就能了解其全部信息，此举对于打击假冒有机产品行为，确保有机产品完整性，规范有机产品市场行为，增强有机产品消费信心具有重要作用。

二、有机食品认证关键因子

（一）有机食品认证类别

根据 2019 年 11 月 6 日国家认证认可监督管理委员会发布的

《有机产品认证目录》，猕猴桃隶属于水果类别，其他水果范围（5-8）。

表5-8 有机食品认证产品范围（部分）

产品类别	产品范围	产品名称
水果	仁果类和核果类水果	苹果、花红（沙果）、红厚壳（海棠果）、梨、桃、枣、杏、梅、樱桃、李、山楂、枇杷、欧李（高钙果）
	葡萄	葡萄
	柑橘类	橘、柑类、橙、柚、柠檬
	香蕉等亚热带水果	香蕉、菠萝、杧果（芒果）
	其他水果	杨梅、草莓、黑茶藨子（黑豆果、黑加仑）、橄榄、猕猴桃、椰子、番石榴、荔枝、龙眼、阳桃（杨桃）、波罗蜜、量天尺（火龙果）、红毛丹、西番莲、洋蒲桃（莲雾）、面包果、榴莲、莽吉柿（山竹）、海枣、柿、石榴、桑椹、酸浆、沙棘、无花果、蓝莓、黑莓、山莓（树莓）、越橘、雪莲果、海滨木巴戟（诺尼果）、红涩石楠（黑果腺肋花楸）、黑老虎（布福娜）、蓝靛果、神秘果、番荔枝、西瓜、甜瓜、木瓜、树葡萄（嘉宝果）、芭蕉、泡泡果

（二）猕猴桃有机生产中建议使用的物质清单

植物来源和动物来源：楝素（苦楝、印楝等提取物）、天然除虫菊（除虫菊科植物提取液）、苦楝碱及氧化苦参碱（苦参等提取液）、鱼藤酮类（如毛鱼藤）、蛇床子素（蛇床子提取物）、小檗碱（黄连、黄柏等提取物）、大黄素甲醚（大黄、虎杖等提取物）、植物油、寡聚糖（甲壳素）、天然诱集和杀线虫剂（如万

寿菊、孔雀草、芥子油）、鱼尼丁、具有驱避作用的植物提取物
（大蒜、薄荷、辣椒、花椒、薰衣草、柴胡、艾草）、天然酸（如
食醋、木醋和竹醋等）、菇类蛋白多糖（食用菌的提取物）、蜂
蜡、昆虫天敌（如瓢虫、草蛉、赤眼蜂、食蚜蝇、捕食螨等）、
植物提取物复合物如诱导剂。

矿物来源：铜盐、波尔多液、硫黄、石硫合剂、二氧化碳、
高锰酸钾、石蜡油、矿物油、氯化钙、硅藻土、硫酸铁（3价铁
离子）。

微生物来源：真菌及真菌制剂、细菌及细菌制剂、病毒及病
毒制剂等。

诱捕器：物理措施（如色彩诱捕器、机械诱捕器）、粘虫板、
杀虫灯、覆盖物（网）等。

其他：苏打、昆虫性诱剂、昆虫迷向剂等。

（三）猕猴桃有机生产中不得检出的农药种类

有机猕猴桃需要进行残留检测的部分农药品种目录见表5-9。

表5-9　有机猕猴桃需要进行残留检测的部分农药品种目录

农药品种	参考检测方法或相关标准	检测限
戊唑醇	GB 22602；GB 22603；GB 22604；GB 22605	不得检出
氟硅唑	SN/T 2236	不得检出
丙环唑	SN/T 0519	不得检出
苯醚甲环唑	SN/T 1975；NY 1500.3.4	不得检出
多菌灵	GB 10501；HG 3290	不得检出
代森锰锌	GB 20699；GB 20700	不得检出
代森铵	气相色谱法	不得检出
丙森锌	气相色谱法	不得检出
福美砷	原子荧光光度法	不得检出

（续表）

农药品种	参考检测方法或相关标准	检测限
异菌脲	SN 0708	不得检出
阿维菌素	GB 19336；GB 19337	不得检出
甲维盐	LC-MS-MS；柱前衍生-HPLC-FLD；HPLC-UVD	不得检出
吡虫啉	HG 3670；HG 3671；HG 3672	不得检出
毒死蜱	GB 19604；GB 19605	不得检出
灭幼脲	GB/T 5009.135	不得检出
哒螨灵	HG 2802；HG 2803；HG 2804	不得检出
马拉硫磷	HG 3287；HG 3284	不得检出
高效氯氰菊酯	HG 3629；HG 3630；HG 3631	不得检出
氯氟氰菊酯	GB 20695	不得检出
噻虫嗪	HPLC-UVD	不得检出

三、地理标志产品认证关键因子

最早使用原产地名称这一概念对地理标志进行保护的是法国，早在 14 世纪，查理五世就颁发了关于洛克福奶酪的皇家许可证，可以说是历史上首部保护原产地名称的立法。自 1883 年的《保护工业产权巴黎公约》开始，地理标志被纳入国际法律保护，至今已有 100 多年，在这个过程中地理标志的概念也在不断发展变化，产生了货源标记（Indication of source）、原产地名称（Appellation of origin）、地理标志（Geographical indication）等概念，对地理标志概念的理解和保护的发展完善体现在对地理标志做出规定的各个国际条约之中。

我国地理标志申报起源于 1999 年国家质量技术监督局通过的《原产地域产品保护规定》，2004 年，国家质量监督检验检疫总局正式批准对"苍溪猕猴桃"实施原产地域产品保护，这是中国实行原产地域产品保护制度以来，批准保护的第一个猕猴桃产品。2005 年，根据中华人民共和国国家质量监督检验检疫总局令第 78 号，《地理标志保护规定》生效后，《原产地域产品保护规定》同时废止。我国地理标志主要申报途径有 3 个，包括国家知识产权局、中国绿色食品发展中心、国家工商总局。

通过中国绿色食品发展中心查询，2010 年至 2022 年 2 月 25 日在农业农村部登记的猕猴桃地理标志产品共 22 种，见表 5-10。通过国家知识产权局查询的猕猴桃地理标志产品共 13 种，通过论文查询的猕猴桃地理标志产品共 5 种，即湘西猕猴桃、周至猕猴桃、苍溪猕猴桃、都江堰猕猴桃、西峡猕猴桃。其中重复数据以表 5-10 为主，其他数据见表 5-11。

表 5-10　猕猴桃地理标志产品登记（截至 2022 年 2 月 25 日）

序号	产品名称	所在地域	证书持有人名称	产品类别	登记证书编号	年份
1	建始猕猴桃	湖北	建始县益寿果品专业合作社联合社	果品	AGI00329	2010
2	沐川猕猴桃	四川	四川省沐川县农学会	果品	AGI00333	2010
3	眉县猕猴桃	陕西	眉县果业技术推广服务中心	果品	AGI00335	2010
4	水城猕猴桃	贵州	水城县东部农业产业园区管理委员会	果品	AGI01168	2013
5	奉新猕猴桃	江西	奉新县果业办	果品	AGI01687	2015
6	金寨猕猴桃	安徽	金寨县猕猴桃产业协会	果品	AGI02018	2017

（续表）

序号	产品名称	所在地域	证书持有人名称	产品类别	登记证书编号	年份
7	泰顺猕猴桃	浙江	泰顺县猕猴桃专业技术协会	果品	AGI02186	2017
8	察隅猕猴桃	西藏	察隅县农技推广服务站	果品	AGI02238	2017
9	修文猕猴桃	贵州	修文县猕猴桃产业发展局	果品	AGI02357	2018
10	本溪软枣猕猴桃	辽宁	本溪满族自治县农业技术推广中心	果品	AGI02385	2018
11	宜昌猕猴桃	湖北	宜昌市农业科学研究院	果品	AGI02485	2018
12	周至猕猴桃	陕西	周至县农产品质量安全检验监测中心	果品	AGI02513	2018
13	西峡猕猴桃	河南	西峡县农产品质量检测站	果品	AGI02705	2019
14	凤凰猕猴桃	湖南	凤凰县经济作物技术服务站	果品	AGI02714	2019
15	黔江猕猴桃	重庆	重庆市黔江区农产品质量安全管理站	果品	AGI02735	2019
16	邛崃猕猴桃	四川	邛崃市猕猴桃产业协会	果品	AGI02736	2019
17	岫岩软枣猕猴桃	辽宁	岫岩满族自治县软枣猕猴桃协会	果品	AGI02805	2020

（续表）

序号	产品名称	所在地域	证书持有人名称	产品类别	登记证书编号	年份
18	江山猕猴桃	浙江	江山市猕猴桃产业化协会	果品	AGI02860	2020
19	永顺猕猴桃	湖南	永顺县农业技术推广中心	果品	AGI02970	2020
20	兴仁猕猴桃	贵州	兴仁市农业技术推广中心	果品	AGI03040	2020
21	城固猕猴桃	陕西	城固县果业技术指导站	果品	AGI03072	2020
22	都江堰猕猴桃	四川	都江堰市猕猴桃协会	果品	AGI03498	2022

通过国家知识产权局网站，地理标志产品信息检索，对原质检总局地理标志产品保护的公告和国家知识产权局地理标志保护产品批准公号检索，已授权的猕猴桃地理标志产品 13 项，其中重复 6 项。还有通过知网论文查询的部分地理标志产品公告。

表 5-11 猕猴桃地理标志产品

序号	名字	所在区域	质检总局文号	证书持有人名称
1	苍溪猕猴桃	四川	2004 年	四川省苍溪县质量技术监督局
2	湘西猕猴桃	湖南	2007 年第 191 号	湖南省湘西土家族苗族自治州质量技术监督局
3	蒲江猕猴桃	四川	2010 年第 109 号	四川省蒲江县质量技术监督局
4	赤壁猕猴桃	湖北	2011 年第 195 号	湖北省赤壁市质量技术监督局
5	雨城猕猴桃	四川	2014 年第 139 号	四川省雅安市雨城区质量技术监督局
6	乐业猕猴桃	四川	2016 年第 112 号	四川省乐业县质量技术监督局

序号	名字	所在区域	质检总局文号	证书持有人名称
7	兴文猕猴桃	四川	2017年第108号	四川省兴文县质量技术监督局
8	郎岱猕猴桃	贵州	2018年第33号	贵州省质量技术监督局

由图5-7可以看出，全国30个猕猴桃地理标志产品主要分布在10个省（区、市），获猕猴桃地理标志产品认证前5位的省份有四川省、贵州省、陕西省、湖南省和湖北省。其中四川省最多有7项，贵州省有4项，而面积产量最大的陕西省只有3项，面积产量全国排名前五的河南省只有1项。

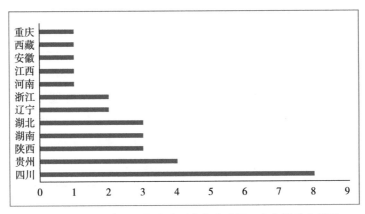

图5-7　猕猴桃类地理标志产品在各省（区、市）的分布情况

第三节　"两品一标"对猕猴桃产业的影响

一、积极促进原产地增值

"两品一标"产品具有明确的地域性，独特的生态环境和栽

培技术造就了高品质的果品。猕猴桃一直是我国原产的特色水果产品，近年来猕猴桃主产区的产量和面积稳步增加。获得"两品一标"认证后，由于认证产品对其生产的果品质量也有显著的保护作用，果农也会积极促使种植规模扩大。进行绿色食品认证提高了龙头企业的主体责任意识，提升了地方猕猴桃的品牌效益、经济效益和社会效益。陈东旭（2021）研究表明，拥有猕猴桃地理标志产品的眉县目前有 98% 的行政村种植猕猴桃，眉县耕地面积为 35 万亩，其中猕猴桃种植面积 30.2 万亩，2018 年猕猴桃总产量 46 万 t，产值 30 亿元。

二、积极促进农民增收

"两品一标"的存在应该是以消费为基础的，在绿色食品、有机食品和农产品地理标志的注册和使用过程中，需要提升农民认证产品生产的技术知识，从而提升产品质量，促进农民增收。周涛等（2010）研究表明，广元市进行认证的 10 万亩猕猴桃绿色食品基地，总产量和总产值由认证前的 3 万 t、1.2 亿元，增加到目前的 4.9 万 t、4.95 亿元，增长幅度分别达 63%、312%。李赵盼等（2021）研究表明，使用地理标志能够有效地提高农业经营性收入，使用地理标志后，虽然猕猴桃每亩种植成本增加 292元，但是亩均产值增加 2 346 元，亩均纯收入增加 2 054 元。

三、积极促进本土品牌增值

"两品一标"产品一般与独特自然环境、传统种植习惯以及人文历史因素密切关联，承载了世代劳动人民智慧的结晶，这决定了"两品一标"负载的产品蕴涵着巨大的市场潜力和无尽的财富价值。尤其是地理标志产品认证，如眉县猕猴桃先后被认定为"国家地理标志产品""国家生态原产地保护产品"，成功创建了国家级农产品地理标志示范样板，眉县猕猴桃品牌价值位居全国排行榜前列，品牌价值实现98.28亿元，其品牌效益远大于产值效益。

四、积极促进国内外交流

栽好有机猕猴桃，引来国外金凤凰。重庆市秀山自治县的猕猴桃一直采取原生态方式生产，严格按照有机猕猴桃种植标准进行规范化果品生产，坚决抵制除草剂、膨大剂和有机种植规范中禁止使用的农药。为广大消费者提供放心、健康、安全的原生态猕猴桃。秀山县现有唯一一家猕猴桃公司即重庆信祥生态农业有限公司，已建成重庆市猕猴桃最大的基地，该基地在取得了国家有机食品基地认证和猕猴桃产品有机食品认证基础后，获得了德国Univeg公司的青睐，目前该基地生产的"信祥"牌红阳猕猴桃已全部由德国公司收购，部分销往欧洲市场。近10年以来，又有许多有机猕猴桃认证基地也陆续打开了国际市场的大门。在2020年9月14日，中国与欧盟正式签署了《中华人民共和国政府与欧洲联盟地理标志保护与合作协定》（简称《协定》），协定将为双方的地理标志提供高水平的保护，有效阻止假冒地理标志产品。在中国境内的100个欧洲地理标志产品和在欧盟境内的100个中国地理标志产品将受到保护。其中第一批100个地理标志产品于2021年3月1日起受到保护，其中涉及果业的有15个，猕猴桃有2个，分别是眉县猕猴桃和苍溪红心猕猴桃；第二批协议清单包括水果34个，猕猴桃有3个，分别是周至猕猴桃、水城猕猴桃和修文猕猴桃。相信将来会有更多的猕猴桃地理标志产品加入进来，同时我国也会陆续和其他各国开展地理标志保护合作，不断提高我国地理标志产品的品牌国际影响力，促进中国果业国际化发展。

总之,"两品一标"产品不仅是质量标志、信誉标志,同时也是地方标志。我国作为猕猴桃原产国和最大生产国,要加大力度开展猕猴桃"两品一标"认证工作,健全质量安全溯源体系,共同维护和稳步提升猕猴桃产品品质,积极拓展国内外市场,不断提升我国在世界猕猴桃市场上的竞争力。

参考文献

柴振林，杨柳，朱杰丽，等，2013. 氯吡脲在猕猴桃中的残留动态研究 [J]. 果树学报，30（6）：1011-1015.

陈东旭，2021. 特色农产品：资源优势、内在价值与乡村振兴——以猕猴桃地理标志农产品为例 [J]. 农产品质量与安全（3）：21-27.

陈声明，陆国权，2006. 有机农业与食品安全 [M]. 北京：化学工业出版社.

陈双双，钟嵘，黄春辉，等，2022. 不同浓度氯吡脲对'东红'猕猴桃果实品质的影响 [J]. 江西农业大学学报，44（3）：549-559.

房彬，李心清，赵斌，等，2014. 生物炭对旱作农田土壤理化性质及作物产量的影响 [J]. 生态环境学报，23（8）：1292-1297.

付红波，2009. 珠三角滩涂围垦农田土壤和农作物重金属污染特征与评价 [D]. 广州：暨南大学.

郭素华，2015. 生物炭对铅、锌污染土壤的修复作用 [D]. 湘潭：湖南科技大学.

蒋小平，2010. 膨大剂在猕猴桃上应用的利弊 [J]. 北方果树（3）：43-43.

李宝珠，李建春，朱荣，等，2020. 标准在我国地理标志保护中的运用研究 [J]. 标准科学（9）：56-59.

李娟，何丽丽，车小娟，等，2019. 陕西眉县猕猴桃产业发展现

状与对策分析 [J]. 果树实用技术与信息（8）：34-36.

李平，王兴祥，郎漫，等，2012. 改良剂对 Cu、Cd 污染土壤重金属形态转化的影响 [J]. 中国环境科学，32（7）：1241-1249.

李圆圆，罗安伟，李琳，等，2018. 采前氯吡脲处理对'秦美'猕猴桃贮藏期间果实硬度及细胞壁降解的影响 [J]. 食品科学，39（21）：273-278.

李赵盼，郑少锋，2021. 农产品地理标志使用对猕猴桃种植户收入的影响 [J]. 西北农林科技大学学报，21（2）：119-129；

栗婷，任晓姣，齐高旺，等，2022. 猕猴桃产区土壤重金属分布特征及生态环境污染风险评价 [J]. 土壤与作物，11（3）：307-319.

刘君，任晓姣，张水鸥，等，2019. 西安市猕猴桃主产区农药残留风险评估 [J]. 食品安全质量检测学报，6（10）：3878-3885.

罗赛男，2023. 中国猕猴桃地理标志保护产品发展现状 [J]. 落叶果树，55（1）：40-43.

庞荣，任亚梅，袁春龙，等，2017. 膨大剂处理对六种猕猴桃采收和软熟时品质的影响 [J]. 现代食品科技，33（8）：235-242.

庞荣丽，乔成奎，王瑞萍，等，2019. 猕猴桃农药残留膳食摄入风险评估 [J]. 果树学报，36（9）：1194-1203.

钱开胜，2021. 全国：49 个优质果品列入《中欧地理标志协定》清单 [J]. 中国果业信息，38（3）：46.

宋伟，陈百明，刘琳，2013. 中国耕地土壤重金属污染概况 [J]. 水土保持研究，20（2）：293-298.

王玮，何宜恒，李桦，等，2016. CPPU 处理对'华优'猕猴桃品质及耐贮性的影响 [J]. 食品科学，37（6）：261-266.

王笑冰，2006. 论地理标志的法律保护 [M]. 北京：中国人民大学出版社.

熊晚珍，张敏，孙志国，2010. 对湘西猕猴桃地理标志知识产权保护的思考［J］.湖南农业科学（21）：150–152.

杨玉，童雄才，王仁才，等，2017.湖南猕猴桃园土壤重金属含量分析及污染评价[J].农业现代化研究，38（6）：1097–1105.

张承，王秋萍，吴小毛，等，2019.氯吡脲对贵长猕猴桃果实氨基酸和香气成分的影响[J].核农学报，33（11）：2186–2194.

张文，汤佳乐，程小梅，等，2021.湖南省猕猴桃农药残留及风险评估[J].江西农业大学学报，43（1）：42–51.

张文江，2013.大型金属矿山环境污染及防治研究[J].资源节约与环保（1）：67–68.

张宇涵，2011.我国有机食品认证与标识监管制度研究[D].上海：华东理工大学.

铮平，1990.农垦率先开发"绿色食品"工程[J].中国农垦（7）：28.

周涛，江治贤，孙燕，2010.广元市绿色食品发展现状与对策[J].四川农业科技（5）：10–11.

朱杰丽，杨柳，柴振林，等，2014.氯吡脲对'徐香'猕猴桃果实品质的影响[J].福建林业科技，41（1）：113–116.

KIM J G，TAKAMI Y，MIZUGAMI T，et al.，2006. CPPU application on size and quality of hardy kiwifruit[J]. Scientia Horticulturae，110（2）：219–222.